密云区
青少年生态文明教育活动
——成果篇

赵涵妮 曹天琪 王巧玲 主 编
张 超 郝 盼 张 瑛 副主编

清华大学出版社

北京

内 容 简 介

将生态文明教育融入创新人才培养课程中，对于丰富创新人才培养体系以及培养学生深层生态文明理念具有重要意义。

本系列书以青少年生态文明教育为主题，分为《方法篇》《资源篇》和《成果篇》，系统探讨了生态文明教育的理论、实践与成果，旨在为我国中小学教师、学校管理者及生态文明教育领域学者提供全面的理论指导与实践参考。

《成果篇》作为系列书的第三部分，以北京市密云区为例，深入探讨了将生态文明教育融入创新人才培养课程的实践路径与成果展示。本书详细列举了密云区青少年宫基于生态文明资源开展的一系列活动案例，展示了如何通过生态文明教育培养学生的生态道德素养与创新能力，为生态文明建设提供有力的人才支撑。

本书封面贴有清华大学出版社防伪标签，无标签者不得销售。

版权所有，侵权必究。举报：010-62782989，beiqinquan@tup.tsinghua.edu.cn。

图书在版编目（CIP）数据

密云区青少年生态文明教育活动. 成果篇 / 赵涵妮，曹天琪，王巧玲主编. -- 北京：清华大学出版社，2025.4.
ISBN 978-7-302-69005-4

Ⅰ. X321.2

中国国家版本馆 CIP 数据核字第 2025TJ1175 号

责任编辑：张　弛
封面设计：刘　键
责任校对：袁　芳
责任印制：刘　菲

出版发行：清华大学出版社
网　　址：https://www.tup.com.cn，https://www.wqxuetang.com
地　　址：北京清华大学学研大厦A座
邮　　编：100084
社 总 机：010-83470000
邮　　购：010-62786544
投稿与读者服务：010-62776969，c-service@tup.tsinghua.edu.cn
质量反馈：010-62772015，zhiliang@tup.tsinghua.edu.cn
课件下载：https://www.tup.com.cn，010-83470410

印 装 者：三河市君旺印务有限公司
经　　销：全国新华书店
开　　本：185mm×260mm　　印　张：7.75　　字　数：175千字
版　　次：2025年5月第1版　　印　次：2025年5月第1次印刷
定　　价：58.00元

产品编号：108116-01

前　言

党的十八大以来，以习近平同志为核心的党中央高度重视生态文明建设，将生态文明建设纳入中国特色社会主义事业"五位一体"总体布局，美丽中国建设迈出重要步伐，彰显了中国特色社会主义的强大生机活力，不断开辟中国之治新境界。教育是国之大计、党之大计。社会主义生态文明教育是推动生态文明建设、成就中国之治的奠基工程。新时代生态文明观是青少年综合素质的重要一部分，必须把生态文明教育贯穿到国民教育的各个学段，覆盖国民教育全过程，培育青少年生态文明观的任务需要落实在课程案例活动实施中的各环节，以尊重并了解自然界中的相关知识为基础，进而逐渐在教育案例实施活动中唤醒他们保护自然环境的意识，使之逐渐形成如何处理人与自然关系的一种观念。

生态文明教育要聚焦"人与自然和谐共生"的发展目标，牢固树立和践行"绿水青山就是金山银山"的发展理念，确保习近平生态文明思想入耳、入脑、入心、入行，让绿色低碳的生产生活方式成风化俗，把建设美丽中国的宏伟蓝图转化为全体人民的思想行动自觉，共同绘就美丽中国新画卷，绘就中国式现代化的生态底色。

将生态文明教育融入创新人才培养，把相关的课程和实践项目纳入培养计划，有助于培养学生的"生态文化基因"，提高学生的生态道德素养，使学生能够正确处理人与自然、人与社会的关系，实现他们的全面发展。培养具有生态道德素养和创新能力的青少年，从而为生态文明建设提供有力的人才支撑。生态文明教育筑牢绿色发展的人才基础，培育生态文明建设时代新人，赋能人与自然和谐共生的中国式现代化建设，促进社会的可持续发展。

本系列书以青少年生态文明教育为主题，分为《方法篇》《资源篇》和《成果篇》，从理论、资源与实践成果三个维度系统探索生态文明教育的内核、方法与实践路径。《成果篇》作为系列书的第三部分，聚焦于生态文明教育与创新人才培养的深度融合。

本书共四章。第一章对创新人才培养进行概述，首先对创新人才培养的背景、内涵、现状及路径进行分析，进而对北京市密云区的创新人才培养模式进行阐述。后面的三章是对密云区所进行的一系列不同领域的活动与实践进行详尽阐述，在这些活动中，各学校充分利用密云区的特色资源，使青少年们拓宽视野、锤炼意志、提升能力，为培养创新人才奠定坚实的基础。

总之，本书以密云区为例，深入探索并介绍各学校利用本土生态资源在生态文明领域所开展的一系列活动，建立了一个全面而多元的教育体系。生态文明教育教学活动的开展不仅仅局限于对学生进行知识的传递，而且是将教育教学中知识的拓展、意识的培育、行为的践行深度结合，期望通过该课程体系逐步培养出学生们的生态文明观念，激发学生们尊重自然、保护生态的强烈意识，培养出既具备综合素质又富有创新精神与能力的人才。

本书在写作过程中，密云区青少年宫科技教师赵涵妮做了总体的框架构建和各章节内容的选择，协调人员进行分工撰写、整体把关等工作。北京教育科学研究院终身学习与可持续发展教育研究所副所长王巧玲参与第一章的撰写；密云区青少年宫科技教师曹天琪参与第二章的撰写；内蒙古科技大学博士生张超和密云区体育美育卫生科郝盼老师共同参与第三章的撰写；密云区研修学院张瑛老师和赵涵妮老师参与第四章和结语部分的撰写，并进行了全书的整合工作。

由于编写水平有限，本书难免存在疏漏，敬请读者不吝批评赐教。

编写组

2024 年 6 月

目　录

第一章　创新人才培养 ·· 1
第一节　基于生态文明资源的创新人才培养 ··· 1
第二节　密云区创新人才培养模式探索与实践 ······································· 3

第二章　自然生态篇 ·· 14
第一节　植物领域 ·· 14
第二节　动物领域 ·· 28
第三节　湿地领域 ·· 41
第四节　大气领域 ·· 50
第五节　山体领域 ·· 57
第六节　地质领域 ·· 66
本章小结 ·· 74

第三章　经济产业篇 ·· 75
第一节　林下经济领域 ·· 75
第二节　人文旅游领域 ·· 82
第三节　果蔬种植领域 ·· 85
第四节　园林建设领域 ·· 94
第五节　传统文化领域 ·· 96
本章小结 ·· 101

第四章　工程建设篇 ·· 103
第一节　水利工程领域 ·· 103
第二节　乡村建设领域 ·· 110
本章小结 ·· 115

结语 ·· 116

参考文献 ·· 117

第一章 创新人才培养

第一节 基于生态文明资源的创新人才培养

一、基于生态文明资源的创新人才培养背景

习近平总书记提出:"广大青年一定要勇于创新创造。创新是民族进步的灵魂,是一个国家兴旺发达的不竭源泉,也是中华民族最深沉的民族禀赋。"培养创新人才是建立创新型国家的重要人才基础,是提升综合国力、推动科学技术进步的重要途径,也是高等教育改革发展的必然要求。创新人才培养需要一个贯穿整个小学、中学、大学的连续培养过程。中小学是创新人才培养的关键一环,承担着重要的责任和使命。

世界工业革命极大地提高了生产力水平,但同时也造成了人与自然不和谐、人地关系不协调等严峻的生态环境问题。经济发展与生态环境之间矛盾突出,资源环境承载能力下降,人类也越来越意识到生态环境问题的严重性。21世纪以来,生态文明教育应运而生。我国在国家层面将生态文明教育纳入战略规划,地方层面也积极响应,通过多种形式开展教育活动,致力于培养全民的生态文明意识。在此背景下,将生态文明教育融入创新人才培养课程中,一方面对于丰富创新人才培养体系具有重要意义,另一方面对于培养学生深层生态文明理念,提升学生生态文明素养也有积极的意义。

二、基于生态文明资源的创新人才培养研究

创新人才是指除了具有扎实的专业知识外,更需要有创造性思维、强烈的社会责任感和突出的重大贡献的人才。创新人才培养的青少年具有的创造性思维包括强烈的好奇心、丰富的想象力、坚韧不拔的精神、独立与合作意识;敢于迎接挑战、敢于冒险;能够提出并解决新颖的、有探究价值的科学问题;在科学问题解决过程中,能够运用一定的已知信息,通过多角度思维产生出某种新颖独特、有实证性、有逻辑性、有社会价值的产品,并能够及时自我监测和自我调控。

创新人才培养应以培养学生的核心素养为基础,融合现代化教育理念。遵循不同年龄段学生的身心成长特点,构建贯通小学、初中、高中的培养体系,因材施教,激发学生的好奇心和求知欲,挖掘学生的创新潜力,发现和培养具有学科特长、创新潜质的学生。在创新人才培养中应立足各地的区域特色,结合各学科课程标准,融入我国学生发展核心素养,整合利用自然生态资源及社会资源,如引进科研院所、高校资源等,构建

创新人才培养体系。在学生培养过程中应充分利用本土生态文明资源，鼓励学生发现生活中的问题；融合多学科知识分析问题发生的原因；基于现有知识基础，通过创新思维思考解决问题的方法，借此培养学生创新能力。一般借由项目式学习培养学生的创新思维、创新能力以及社会责任感。

首先，鼓励学生多观察，在生活中发现问题。教师应引导学生仔细观察身边的自然资源，发现生态环境中的问题。例如，有一片湿地原本是众多鸟类的栖息地，但近年来鸟类数量明显减少。学校组织学生到湿地周边进行观察活动，学生们在观察中发现，湿地周边存在垃圾堆积、污水随意排放的现象，同时周边居民过度开垦湿地用于种植农作物，导致湿地面积不断缩小。通过这些观察，学生们敏锐地察觉到了湿地生态面临的问题，为后续的研究和解决问题奠定了基础。

其次，培养进行学科融合，学习剖析问题成因的习惯。在学生发现问题后，运用多学科知识，分析问题发生的原因是培养学生综合能力的关键。针对上述湿地问题，教师组织学生开展跨学科研究。学生从生态系统的角度分析，指出垃圾和污水中的有害物质会影响湿地生物的生存和繁殖，导致生物多样性下降；从地理学科方向研究湿地的地形、水文特征，发现过度开垦改变了湿地的地貌和水流，破坏了湿地的生态平衡；社会学科领域则调查周边居民的生活方式和环保意识，了解到居民缺乏生态保护意识，随意丢弃垃圾和排放污水。通过多学科的融合分析，学生们全面、深入地了解了湿地问题产生的原因，培养了综合分析和解决问题的能力。

再次，鼓励学生发散思维，创新性地探寻问题解决办法。基于现有知识基础，教师要鼓励学生运用创新思维思考解决问题的方法。在湿地问题研究中，学生们提出了许多创新性的解决方案。例如，结合信息技术，设计湿地环境监测系统，通过在湿地安装传感器，实时监测水质、土壤湿度、鸟类活动等信息，并将数据传输到手机应用程序上，方便管理人员及时了解湿地的生态状况。还可以借鉴生态农业的理念，提出在湿地周边发展生态种植和养殖，利用湿地的水资源和生物资源，实现经济效益和生态效益的双赢。同时，还可以设计环保宣传方案，通过制作宣传海报、举办环保讲座等方式，提高周边居民的环保意识。

最后，教师帮助学生进行实践检验，学校应积极与生态文明资源点位等组织合作，让学生们的方案尝试落地实施。例如，在湿地环境监测系统的建设过程中，学生们与技术人员一起安装调试设备，学习数据分析和处理方法；在生态种植和养殖项目中，学生们参与选种、种植和养殖管理，亲身体验生态农业的魅力；在环保宣传活动中，学生们积极与居民沟通交流，传播环保理念。通过实践，学生们不仅能够检验自己设计的方案，还能够发现方案中存在的问题并及时进行调整和改进。

在生态文明教育的道路上，我们应不断探索和实践，促进学生的全面发展和社会的可持续发展，培养更多具有创新精神和生态文明意识的人才。

密云区作为北京市的生态涵养区，具有丰富的自然资源、独特的人文环境、秀丽的地理特色以及深厚的文化底蕴。接下来，本书将以北京市密云区为例，全面介绍该地区依托丰富的生态文明资源，对创新人才培养模式进行的积极探索与实践。阐述密云区如何因地制宜，结合其独特的自然资源、人文环境及深厚的文化底蕴，打造出一套独具特色的创新人才培养路径。同时，本书还将列举密云区各校在这一领域的具体实践案例，通过具体的经验和成果，为其他地区提供借鉴与启示，以期在创新人才培养的道路上共同进步，共同推动教育事业的蓬勃发展。

第二节 密云区创新人才培养模式探索与实践

一、密云区创新人才培养模式探索

北京市密云区青少年宫为贯彻习近平总书记关于教育的重要论述，落实党的二十大精神，拓展密云区创新人才的培养途径，基于密云区的资源和教育特色探索拔尖创新人才培养的区域性实践机制，根据国家教育事业发展"十四五"规划和教育部等六部门发布的《关于实施基础学科拔尖学生培养计划 2.0 的意见》及《国家创新驱动发展战略纲要》《密云区拔尖创新人才培养方案》《北京市密云区"十四五"时期青少年生态文明教育实施方案》等文件制定北京市密云区青少年宫青少年创新人才培养方案，探索创新人才培养的区域性实施路径及实践模式。

该方案坚持小初高贯通培养的路径，突出小学、初中、高中之间的衔接性和系统性，以 1~9 年级学生为培养重点，逐步完善数学、科技、人文、艺术、体育和生态六大领域的课程体系；不断汇聚资源，打破校际边界，完善政产学参（GIPS）合作共同体——"三层九位一体"协同育人机制，实现青少年宫、学校、科研院所、国家重点实验室等宫内外协同；明确创新人才的选拔机制，选拔并培养在数学、科技、人文、艺术、体育和生态领域具有未来领军潜力的青少年。密云区青少年宫创新人才培养体系如图 1-1 所示。

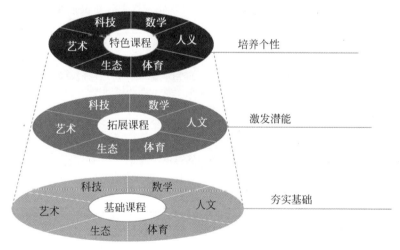

图 1-1 密云区青少年宫创新人才培养体系

（一）培养目标

根据 1~3 年级、4~6 年级、7~9 年级学生的认知规律及认知特点，聚焦于环境科学及生态科学领域，1~9 年级设置的课程目标如表 1-1 所示。在学生培养过程中，应建立健全生态文明教育工作长效机制，深入推进生态文明教育进学校、进课堂，努力培养一批具有绿色情怀、绿色智慧以及绿色担当的新时代青少年。到 2025 年，全区生态文明教育体系基本完善，学校生态文明教育蓬勃开展，师生生态文明素养全面提升。到 2035 年，全区生态文明教育成效显著，培养一批有扎实生态教育背景和创新能力的青少年，树立起全市乃至全国生态文明教育典范。

表 1-1 1～9 年级设置的课程目标

课程类型	年级段		课程目标
基础课程	1～3	生态观念	知道水生态、动植物、土壤、碳中和等生态科学及环境科学的基本概念，了解它们在生态环境中的重要作用
		科学思维	观察生态科学及环境科学等关键要素，并使用简单语言对其进行描述
		探究实践	利用简单实践对生态科学及环境科学的构成要素进行观察和比较；具有初步提出问题和制订计划的意识和能力
		态度责任	了解密云水库精神，树立节约资源、保护环境的意识
	4～6	生态观念	全面理解生态系统的构成和运作原理，深化对生态平衡、物种互动、生态系统服务等方面的认识
		科学思维	学会运用观察、测量、记录和分析等方法，学会运用逻辑推理和对比分析等科学思维分析问题
		探究实践	通过长期生态观测、模拟实验等实践活动，引导学生体验动手实践、数据收集、分析问题、得出结论等过程
		态度责任	引导学生主动参与环保行动，树立关爱地球家园的意识，初步形成在全球视野下的生态保护意识
	7～9	生态观念	结合地理、生物、物理等学科内容，培养学生对环境科学和生态科学的基本认识
		科学思维	引导学生运用数学、物理、生物等多学科知识来理解和分析生态环境问题，提升他们的观察、比较、分类等基础科学思维
		探究实践	带领学生亲身体验和调查周边环境状况，设计并实施跨学科探究实验，锻炼学生的实践能力和团队合作精神
		态度责任	引导学生认识自身行为对环境的影响，初步形成良好的环保行为习惯，初步树立生态文明观，关注本地及全球环境问题
拓展课程	1～3	生态观念	引导学生初步理解生态系统的概念，了解水资源循环、动植物共生关系等基础知识，激发学生探索自然奥秘的好奇心
		科学思维	引导学生通过简单的观察、描绘和归纳，认识生态科学、环境科学等系统概念，培养学生对它们的探索欲
		探究实践	通过直接感知和游戏化的实践活动，体验简单的小型生态实验，培养探究环境问题的兴趣和能力
		态度责任	引导学生养成爱护环境、不浪费资源的良好习惯，理解保护环境是每个人的责任，树立环保意识
	4～6	生态观念	了解生态科学与环境科学的相互作用，知道人类的生存与发展离不开生态环境
		科学思维	运用所学知识观察、实践、记录与表达生态科学与环境科学各要素之间的关系
		探究实践	利用项目式学习开展实践探究，体验从发现问题到得出结论的全过程，引导学生关注生态科学与环境科学的结构、功能、变化与相互关系
		态度责任	乐于尝试多种实践和方法探索事物，养成实事求是的科学态度，采取力所能及的行动保护生态环境

续表

课程类型	年级段		课程目标
拓展课程	7~9	生态观念	引导学生深度探究环境科学与生态科学中的复杂问题，如气候变化、碳中和、生物多样性等
		科学思维	鼓励学生对环境科学及生态科学的具体课题进行深入研究，掌握文献综述、实验设计、数据分析等科研方法
		探究实践	开展具有挑战性的研究性课题，使学生在实践中深化对环境科学及生态科学理论的理解，提高科研能力和项目管理能力
		态度责任	培养学生对环保的积极立场和实际行动，强化社会责任感，树立和践行"绿水青山就是金山银山"的理念
特色课程	1~3	生态观念	初步了解自然界中各种生物与非生物之间的相互关系，了解生态环境对生物生存的重要性，强调人与自然的和谐共生
		科学思维	启发学生思考现象发生的原因，并尝试用简单的方式表述和解释对生态问题的独特见解
		探究实践	通过实地考察，引导学生体验发现问题、分析问题、解决问题的全过程，在实践中积累科学探究的经验
		态度责任	乐于思考现象发生的原因和规律；树立节约资源、保护环境、尊重生命的意识
	4~6	生态观念	从科学的视角认识生态与环境的关系，运用生态科学及环境科学的知识及原理解释现象、解决问题
		科学思维	运用模型建构、科学推理、科学论证等探究生态科学及环境科学的内在规律、相互联系等
		探究实践	基于观察和实验提出问题，形成猜想和假设，设计实验与制定方案，获取和处理信息，基于证据得出结论或做出解释等，体验从发现问题到解决问题的全过程
		态度责任	逐渐形成严谨认真、实事求是的科学态度及科学精神，树立节约资源、保护环境、珍爱生命的价值观
	7~9	生态观念	探究人与自然的关系，探索不同的行业可持续发展模式，寻求解决人与自然和谐发展的路径
		科学思维	依托企业参观、进实验室、名师工作室等形式，使学生接触到现实工作场景中的环境问题和解决方案，提升跨学科解决实际问题的能力
		探究实践	通过科考研学、高端实验室做课题等方式，体验生态科学家的职业生活，感受真实的科研流程及环境，明确自己未来发展方向
		态度责任	强化学生的担当意识，培育绿色发展理念，崇尚健康文明生活方式，成为健康中国的促进者和实践者

（二）培养体系

青少年创新人才生态文明培养体系是一个旨在全面提升学生能力、思维和创造力的综合性培养框架。这一体系以能力培养为基础，注重思维培养与创造力培养的进阶式发展，并融入生态文明教育理念，以构建一个有利于学生全面发展的培养环境，如图1-2所示。

青少年创新人才培养生态文明课程体系是一个旨在通过探究自然生态奥秘、探究人与自然和谐共处，进而结合生态进行进阶式培养的课程体系，如图1-3所示。

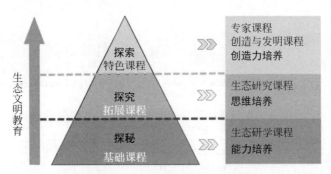

图1-2 生态文明培养体系框架

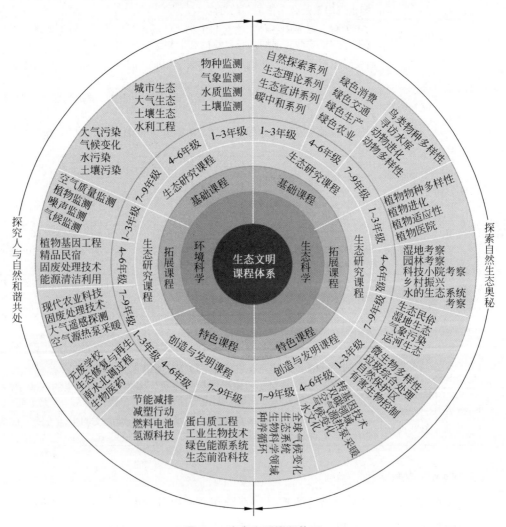

图1-3 生态文明课程体系

（三）培养内容

密云区青少年宫的生态课程体系从探索自然生态奥秘及探究人与自然的关系出发，聚焦生态科学与环境科学两大方面。

（1）环境科学从碳中和、生态农业、生态工业、生态修复、清洁能源等方面开展教育教学活动。使学生认识到自然资源的有限性及可持续发展的重要性，学会从生态、经济、社会三维视角分析和解决问题能力。生态科学和环境科学的课程内容如表1-2～表1-4所示。

（2）生态科学从水生态、动物、植物、土壤、生物多样性等方面开展教学，使学生认识自然、保护自然，树立起生态文明观念。

表1-2　1～3年级生态文明课程内容

课程类型	基础课程	拓展课程	特色课程
环境科学	1. 物种监测：学会使用红外探测仪监测物种数量及变化。 2. 气象监测：掌握各种监测指标的含义，学会简单监测技术。 3. 水质监测：学会使用监测仪对水质进行监测。 4. 土壤监测：学会使用监测仪器对土壤进行取样和检测	1. 空气质量监测：学会空气质量监测指标及其含义，学会用简单仪器进行监测，撰写报告。 2. 植物监测：学会植物监测的指标及其含义，进行植物检测记录，撰写报告。 3. 噪声监测：学会噪声监测仪器使用方法，探究降低噪声污染的方法。 4. 气候监测：学习气候变化规律，学会简单监测方式	1. 无废学校：研究出打造无废学校的实施路径。 2. 生态修复与再生：探究本地区生态环境变化及需要修复的内容，撰写报告。 3. 南水北调过程：走进水库探究南水北调工程的规划背景、原因和成效。 4. 生物医药：了解生物医药的基本理论知识及原理
生态科学	1. 自然探索系列：邀请生态学专家开展主题讲座。 2. 生态理论系列：邀请开展生态文明教育突出的教师开展主题课程。 3. 生态宣讲系列：遴选优秀生态宣讲员走进水库展览馆，讲解水库故事。 4. 碳中和系列：通过活动或课程讲解"双碳""碳交易"概念	1. 植物物种多样性：走进雾灵山，学会用工具识别植物种类，绘制植物百科手册。 2. 植物进化：了解植物进化的过程，体悟适者生存的生态现象。 3. 植物适应性：学习植物与环境相互依存的条件，探究植物的适应性。 4. 植物医院：走进植物医院，了解植物生病的种类，探究预防植物生病的举措	1. 微生物多样性：学会调查、总结微生物种类和数量，知晓微生物生存与人类生活的关系。 2. 垃圾综合处理：了解生活中垃圾主要来源和前沿垃圾处理技术。 3. 自然保护区：探究自然保护区作用和意义，对比自然保护区与其他区域物种多样性的数量。 4. 有害生物控制：学会利用生物手段来控制有害生物

表1-3　4～6年级生态文明课程内容

课程类型	基础课程	拓展课程	特色课程
环境科学	1. 城市生态：了解城市内生态环境的组成部分，认识其中相关性。 2. 大气生态：利用监测结果对大气环境进行科学分析。 3. 土壤生态：利用监测结果对土壤环境进行科学分析。 4. 水利工程：了解我国重大水利工程，认识南水北调工程的意义和价值	1. 植物基因工程：走进实验室，了解植物基因工程。 2. 精品民宿：走进民俗村，探究民宿对当地经济、环境等的影响。 3. 固废处理技术：走进清华大学环境学院了解前沿治理环境的技术。 4. 能源清洁利用：知晓生活中可利用的清洁能源，探究其使用条件	1. 节能减排：探究新能源汽车的主要特点以及对保护大气的贡献力。 2. 减塑行动：认识减塑与生态之间的关系，制作塑料袋替代物。 3. 燃料电池：认识燃料电池特性，尝试制作。 4. 氢源科技：了解氢能源制备及存储技术，探究其原理

续表

课程类型	基础课程	拓展课程	特色课程
生态科学	1. 绿色消费：了解绿色消费相关知识，探究绿色消费具体举措。 2. 绿色交通：认识汽车尾气中主要有机污染物，知晓汽车尾气对环境、人类的危害。 3. 绿色生产：了解我国能源的分类，学习绿色生产要求和意义。 4. 绿色农业：学习与农业相关的生产技术，了解在生产过程中对环境的影响	1. 湿地考察：走进清水河湿地，探究物种多样性并撰写研究报告。 2. 园林考察：探究绿化区域地势特点，探究园林设计的原则等。 3. 科技小院考察：走进科技小院，探索现代农业可持续发展的路径。 4. 乡村振兴：走进水果采摘园，认识水果种植等方面相关科技，利用新媒体技术，助力乡村振兴。 5. 水的生态系统考察：跟随河流的旅程，从水源地保护到家庭用水管理，深入了解每滴水背后的故事，并设计节水行动计划	1. 转基因技术：走进高校生物实验室了解转基因技术相关内容。 2. 双碳领域：模拟碳交易过程，认识自身能够达成双碳目标的举措。 3. 空气源热泵采暖：探究乡村空气源热泵采暖情况及原因。 4. 气候变化：探究全球气候变化与人类生产生活的关系。 5. 水文化：体验古代水利工程，解析水与社会发展的密切联系

表 1-4　7～9 年级生态文明课程内容

课程类型	基础课程	拓展课程	特色课程
环境科学	1. 大气污染（走进中国气象局）：学习气象学相关知识；了解大气污染主要来源及产生原因；探究减缓大气污染的举措。 2. 气候变化（走进中科院大气所）：认识气候变化对人类生产、生活的影响；了解近二十年气候变化情况及原因；认识判断气候状况的检测技术；探究减缓气候变化的举措。 3. 水污染（走进污水处理厂）：认识水污染来源；了解城市、家庭水污染处理过程；自制污水处理器；分析水污染对环境的危害，探究减少水污染的措施。 4. 土壤污染（走进北京市生态环境保护科学研究院）：认识土壤污染的来源；认识有机物污染物、无机物污染物对土壤的影响；掌握土壤污染的治理与预防；开展小课题研究，探究水库下游土壤状况的影响因素	1. 现代农业科技（走进极星农业科技园）：认识现代农业发展情况和先进技术；掌握在田地里实现环境监测与自动灌溉技术；探究农作物在缺乏不同元素时也会对生长造成不同的影响。 2. 固废处理技术（走进清华大学环境学院）：认识固废的主要来源，了解国家关于固废处理的相关法律法规；认识有机固废、无机固废等对环境的影响；了解固废处理的前沿科技；小课题研究：生活中固废的来源及处理对策。 3. 大气遥感探测（走进北京大学大气与海洋科学系）：了解大气遥感的相关定义及原理；了解遥感技术和方法；认识遥感应用的相关领域并进行实践体验；了解大气遥感技术面临的挑战，鼓励创新。 4. 空气源热泵采暖（走进海尔集团）：了解空气源采暖的发展历史；认识空气源采暖的原理；小课题研究：北方农村选择空气能热泵采暖的现状及原因	1. 蛋白质工程； 2. 工业生物技术； 3. 绿色能源系统； 4. 生态前沿科技

续表

课程类型	基础课程	拓展课程	特色课程
生态科学	1. 鸟类物种多样性（走进野鸭湖）：掌握望远镜的使用方法；观察并利用软件绘制出观察到的鸟类；探究鸟类与野鸭湖环境之间的关系；探究保护鸟类的具体举措。 2. 寻访水库（走进密云水库）：了解水库前身——石匣古城；探寻水库建成历史（三次移民）；采访参与水库建设的前辈，感受移民精神；了解水库水质、水位等二十年变化并探究其原因。 3. 动物进化（走进国家自然博物馆）：探究古生物、动物、植物和人类学等领域生物进化过程；探究生物多样性与环境的关系；了解国家保护物种多样性的举措、探究生活中可以保护物种多样性的举措。 4. 动物多样性	1. 生态民俗（走进北京生态民俗明代古村——爨底下村）：了解爨底下村的历史、建筑特色、聚落变化；观察、总结爨底下村的自然环境特点；探究聚落的形成和发展与自然环境的关系；调研古村保存现状和发展规划，探究经济发展与自然环境保护间的平衡关系。 2. 湿地生态（走进北京生态博物馆）：探究北京湿地生态系统修复技术和成效；了解麋鹿文化，了解北京野生动植物种类和数量；探究北京生态环境对鹿生活条件的影响；了解麋鹿研究与保护经验，制作宣传海报，推广经验。 3. 气象污染（走进北京气象探测中心）：参观观象台的综合监控平台，了解气象检测指标；观看释放探空气球的全过程，掌握探空气球作用；参观观测设备，了解设备运行原理。 4. 运河生态（走进大运河博物馆）：了解北京城市发展历史和建设成就；了解北京非遗文化与历史发展	1. 全球气候变化：了解全球气候变化情况，了解当前突出的气候问题；走进实验室利用装置模拟全球变暖，探究减缓全球变暖举措。 2. 生态系统：走进湿地公园，了解生态系统主要组成部分；探究生态系统中各环节的制约关系；走进实验室，了解湿地治理相关前沿科技。 3. 生物科学领域：按照不同分类标准认识植物的类别；认识植物生长环境与当下生态环境的关系。 4. 种养循环：探究种养循环模式，提升种养循环效益最大化

二、密云区创新人才培养模式实践

在密云区，创新人才的培养模式正展现出蓬勃的生机与活力。该地区通过实施一系列前瞻性的教育策略，将创新人才的培养融入生态文明教育教学中（图1-4）。密云

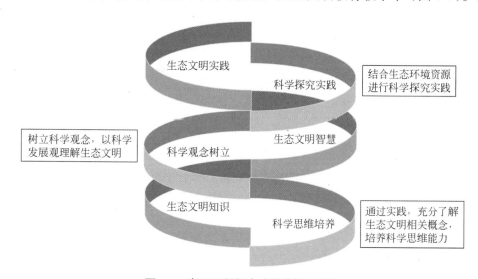

图 1-4 密云区创新人才培养模式实践

区内的中小学从自然生态领域、经济产业领域以及工程建设领域开展了许多相关活动（图1-5），在密云区青少年宫的带领下，密云区致力于构建一个全面、系统、科学的创新人才培养模式。

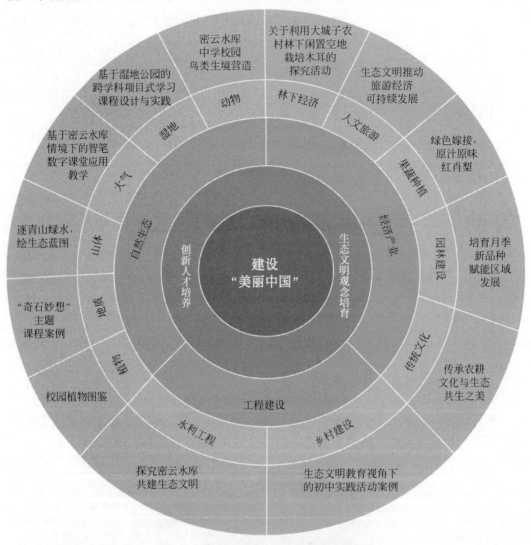

图1-5　密云区创新人才培养模式实践总结

在这一人才培养体系中，学校不仅注重学生的知识积累，更重视其创新思维的培养和生态文明观念的建立。通过结合密云区特色生态环境与经济产业，开展科技创新团队培育等多元化活动，对学生进行在地化教育，激发对科学的兴趣和热情。同时，学校还鼓励学生跨学科学习，培养其综合能力和创新思维，为其未来的职业发展和社会适应能力奠定坚实的基础。

经过多年发展，密云区创新人才培养与生态文明教育高度融合，发展出基础型、拓展型与拔高型三类课程，以下为密云区创新人才培养以及生态文明教育相关实例，如图1-6所示。

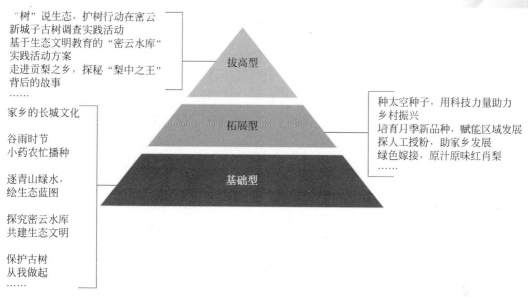

图1-6 密云区创新人才相关实例

在教育教学过程中，为了验证教学效果，并科学且全面地评估每一次实践活动所达成的目标以及学生在活动中的成长与进步，每一次实践活动都必须严谨地开展教学活动评价。教学评价绝非可有可无的环节，它能够清晰地映照出教学活动中的优点与不足。通过评价，教师可以深入地了解学生对知识的掌握程度、实践技能的运用能力以及创新思维的发展水平，从而判断教学目标是否得以实现，教学方法是否得当有效。同时，教学评价也是促进学生发展的重要手段。积极正面的评价能够增强学生的自信心和学习动力，让他们明确自己的优势所在，进而更加努力地投入学习中；客观准确的负面评价则能为学生指明改进的方向，帮助他们认识到自己的不足之处，及时调整学习策略，实现自我提升。此外，教学评价对于教学质量的提升也起着关键作用。它能够为教师提供宝贵的反馈信息，使教师根据评价结果对教学内容、教学方法和教学过程进行优化和改进，不断提高教学的针对性和实效性。

本书所介绍的案例活动均适用于本教学评价体系，该评价体系具有广泛的适用性和科学性，能够全面、客观地评价各类实践活动的教学效果。在后续案例中，为避免内容冗余，将不再重复赘述教学评价的具体内容，但教学评价的重要性始终贯穿于每一个案例活动中，是确保教学活动取得良好效果的重要保障。

活动效果评价

为了体现教学评价的客观性和公正性，给予学生更为全面的评价，在本次教学评价中，根据教学实施过程采用了多元性评价方式，并编制出教学评价表。评价分为总结性评价和过程性评价，其中总结性评价中教师总结性评价占50分；小组互评占20分；小组自评占20分；被建议人评价占10分，共计100分。过程性评价中，依托活动规则，根据学生参与程度、发言情况、成果展示等环节分别赋分1～5分，最后汇总总结性评价得分与过程性评价得分，得分作为活动奖励及学生活动效果的依据。

（1）教师总结性评价。教师参与学生的探究全过程，对各小组学生的表现情况较为了解。因此，教师总结性评价的优势在于能够更加全面地评价学生的表现，并提高整个实践活动评价的客观性。

（2）小组互评。每一个小组成员的水平不一样，组内异质，各组成员在探究过程中更清楚每个小组的表现。采用小组互评的方式，学生能够彼此互相学习、相互交流、取长补短，进而实现共同进步，除此以外，小组互评还可以培养学生的团队精神和协作能力。

（3）小组自评。小组成员为自己打分，能够使学生更为全面地认识自己和了解自己的优劣之处，对自己的优势之处继续保持，对自己小组的不足之处给予相应的改进措施，更好地激发学生的学习动机，以求在下一次探究活动中取得进步。

（4）被建议人评价。作为活动成果最后一环，栽培植物管理人员给学生的建议合理性、科学性以及行为规范程度作出评价。

（5）过程性评价。依托每个环节活动规则，教师实时根据学生参与程度、发言情况、成果展示等分别赋分1~5分。

活动评价表

（1）教师总结性评价：选择一名组织教师给你们组的表现进行评价（表1-5）。（共计50分）

表1-5 教师总结性评价表

评价内容	评价标准	完全符合	符合	一般	不符合	完全不符合
探究学习（20分）	能够自主学习，遇到不能解决的问题时，积极地参与合作和探究	17~20分	13~16分	9~12分	5~8分	0~4分
问题解决（10分）	小组内分工明确，能够很好地配合解决问题	9~10分	7~8分	5~6分	3~4分	0~2分
成果展示（10分）	陈述语言具有逻辑性和流畅性	9~10分	7~8分	5~6分	3~4分	0~2分
教师评价总成绩						

（2）小组互评：选择其他小组，进行小组互评（表1-6）。（共计20分）

表1-6 小组互评表

评价小组评价人：					
评价内容	完全符合	符合	一般	不符合	完全不符合
积极地参与讨论和交流（10分）	9~10分	7~8分	5~6分	3~4分	0~2分
能够认真完成所分配的任务（5分）	5分	4分	3分	2分	1分
小组能够认真倾听他人意见，互助互学（5分）	5分	4分	3分	2分	1分
互评总成绩					

（3）小组自评：请以小组为单位评价自己组在整个活动中的真实表现（表1-7）。（共计20分）

表1-7　小组自评表

评价内容	完全符合	符合	一般	不符合	完全不符合
成员知识掌握得很好（5分）	5分	4分	3分	2分	1分
成员能够积极参与组内的交流和合作（5分）	5分	4分	3分	2分	1分
所有人能够仔细聆听组内成员的意见和想法（5分）	5分	4分	3分	2分	1分
成员在活动中提高了自己的能力（5分）	5分	4分	3分	2分	1分
自评总成绩					

（4）被建议人评价：找到被建议人，给你们的建议合理性以及行为规范程度作出评价，录制小视频作为评价依据（1-8）。（共计10分）

表1-8　被建议人员评价表

被建议人员签名：						
评价内容	评价标准	完全符合	符合	一般	不符合	完全不符合
科学建议	提出的建议具有科学性，建议合理易于执行	5分	4分	3分	2分	1分
礼貌沟通	沟通交流有礼貌	3分	2分	2分	2分	1分
逻辑表达	语言表达有逻辑，能够基于调查结果进行分析，并说出原因	2分	2分	1分	1分	0分
评价总成绩						

接下来的内容将深入探索并详尽阐述密云区所举办的一系列丰富多彩的活动。这些活动案例不仅覆盖了密云区独具魅力的不同领域，如自然生态的呵护与探索、经济产业的繁荣与发展以及工程建设的创新与突破，每一个领域都承载着独特且明确的培养目标。每一个案例都充分利用密云区的特色资源，为青少年提供全方位、多角度的培养机会。通过这些活动，青少年们不仅能够拓宽视野、增长见识，更能够锤炼意志、提升能力，为未来的创新人才培养奠定坚实的基础。

第二章 自然生态篇

本章将聚焦密云区在自然生态领域所开展的一系列成果案例。这些案例利用了密云区得天独厚的自然资源，如繁茂的植物、珍稀的动物、广阔的湿地、清新的大气环境以及独特的地质构造等，通过多样化的活动形式，不仅让学生们深入了解了自然的奥秘，同时也取得了丰富的成果。

第一节 植 物 领 域

校园植物图鉴
——密云区学生运用编程传感器探索校园栽培植物环境数据实践活动

北京市密云区青少年宫　周思源

（学段：小学五、六年级）

一、活动背景

（一）活动选题

1. 活动内容选择依据

本活动选题基于联合国可持续发展17个目标之一：气候行动。目前，由人类活动产生的温室气体排放量是有史以来最高的。因经济和人口增长引发的气候变化正在广泛影响各大洲、各国的人类和自然系统。大气和海洋升温，冰雪融化，导致海平面上升。2023年，地球首次短暂突破2℃升温警戒线！如不采取行动，21世纪的升幅可能超过3℃。由于气候变化影响到经济发展、自然资源和消除贫困工作，如何应对气候变化已成为实现可持续发展的棘手问题。一个看似微小的温度数据变化会对地球的未来产生巨大的影响。但人们对于环境数据，及其在空间和时间上如何变化，仍然知之甚少并且测量不充分。

思考：如何通过活动让学生们感知环境数据的变化和数据之间的相互影响？进而从调查得到的科学数据中更深层次地思考气候变化。

2. 活动内容设计

（1）依据2022年义务教育课程标准。本活动根据2022年义务教育课程标准对"信息科技"的内容要求和实施建议，选取第二学段（三、四年级）数据与编码内容，针对数据这种信息社会中的新型生产要素,强调数据在信息社会中的重要作用,知道我们的日常生活中无时无刻都有数据的身影,日常的购物消费、出行、学习、记录都需要数据的支持;阐明数据让信息得以有效利用的意义,通过数据学生可以知道栽培植物的生长现状;学生在活动中通过编程使用各种传感器,运用识花 App 确定植物,通过平板搜索花朵信息,从而培养学生利用信息科技解决问题的能力。

思考:依托生活中常见的栽培植物让学生们调查了解身边的环境数据。

(2)依据 2013 年美国《新一代科学教育标准》(Next Generation Science Standard,NGSS)。校外活动在依据校内课程标准的同时也应融合世界先进的教育理念,融合美国的大概念教学,如表 2-1 所示。

表 2-1 新一代科学教育标准(NGSS)

科学与工程实践	学科核心概念	跨学科概念
提出问题和定义问题 K-2 年级提出问题和定义问题建立在先前的经验和基础上,发展到简单的描述性问题。 通过观察,找到更多关于自然界和人工世界的问题。(K-2-ETS1-1) 定义一个能够通过开发新的或者改进的对象或工具解决的简单问题。(K-2-ETS1-1) **分析和解读数据** K-2 年级分析数据建立在先前的经验和基础上,发展到收集、记录和共享观察结果。 从对对象或工具的测试中分析数据,以确定其是否按预期的方式工作。(K-2-ETS1-3)	LS2.A:生态系统中的相互依存关系 植物的生长依赖光和水(2-LS2-1)	模式 自然界的模式可以被观测(2-ESS2-2)(2-ESS2-3)

思考:学生应该经历科学家的思考过程,定义问题,解读数据,从而观测自然界中植物环境数据的变化。

(3)课程标准的融合应用。课程标准的融合应用方面,本活动将 2022 年义务教育课程标准对"信息科技"的第二学段(三、四年级)数据与编码内容与活动目标相结合,并针对参与活动的五、六年级学生提升了难度要求。课程标准不再停留于基础的数据认知层面,而是引导学生运用编程传感器等高级工具,通过真实情境下的数据收集与分析,解决栽培植物适宜生长环境的实际问题。同时,融合美国 NGSS 中针对二年级学生的内容(如提出问题和定义问题、分析和解读数据等技能)虽然年级标准不同,但通过跨学科融合与能力提升,确保活动既具挑战性又符合高年级学生的认知发展水平,旨在培养学生的综合素养和科学思维能力。

(二)活动简介

1. 活动核心问题

青少年宫内栽培植物适宜的生长位置在哪里?

2. 活动内容简介

我们的身边存在很多人工种植栽培的植物,例如桌子上的盆栽、庭院的花艺、绿化带的绿植，这些植物的生存环境是怎样的？在活动中，学生通过运用软件"识花君"调查植物信息，运用编程制作低成本的温度、湿度、光强、土壤水分传感器，调查密云区青少年宫院内人工栽培植物的生存环境数据，了解植物生长现状。通过数据的预测和分析，对生长环境进行判断和重新选择。接着，制作《校园植物图鉴》，鼓励学生依靠自己的能力大胆、礼貌地与人沟通交流。最后，寻找植物管理员，并对植物的管理人员提出相应的建议，帮助植物获得更好的生存环境并了解到环境数据对于气候的影响。主题活动综合运用信息科技、数学、技术、语文、科学、艺术等学科知识，提升学生的科学思维能力以及表达交流能力。

（三）活动理念及运用

1. 基于"5E"教学模式的科学探究活动环节

5E教学法是一种基于建构主义理论的教学模式，广泛应用于科学教育中。该模式由五个环节组成：吸引（engagement）、探究（exploration）、解释（explanation）、迁移（elaboration）和评价（evaluation）。每个环节都有其独特的教学策略和目标，旨在促进学生的主动学习和概念建构。本次活动中"5E"教学模式提出的主问题是"如何帮助栽培植物找到适宜的生长环境"。据此构建科学探究性问题链，从基础知识问题，例如"你知道身边都有哪些栽培植物吗""栽培植物都能用来做什么""身边的栽培植物适宜的生长环境是什么""身边的栽培植物的生长环境是否适宜""青少年宫什么位置更适宜栽培植物的生长""如何制作栽培植物身份信息卡"等，到最后"如何礼貌地给负责植物养护的教师和保洁人员提建议"等问题为学生的思维进阶提供一个"脚手架"，使得知识和认知问题化、思维化，让学习成为学生的兴趣所在和主动需要，让问题解决的过程成为学生思维发展的过程。因为在解决一系列问题的过程中，学生不断将已有的知识和方法与新认知进行关联、应用、迁移，随着对问题理解的加深，学生所运用的知识也产生横向或纵向的联系或延展，问题解决则实现了学生科学思维能力与实践应用能力的综合发展。

2. 运用STEAM教育理念培养学生的综合素养

学生以"栽培植物的现状"为情景，以问题"如何帮助栽培植物找到适宜的生长环境？"为主线，结合探究教学。学生利用科学、数学、语文、艺术、计算机技术等学科知识建构，实现跨学科地开展教学活动，提升核心素养，达到知识在教学过程中的融入。

二、活动设计

（一）学情分析

本次活动面向的是密云区青少年宫五、六年级共计13名学生，并分为不同的科技小组。

1. 认知水平分析

根据皮亚杰认知发展阶段理论，五、六年级学生平均年龄在10~12岁，处在具体运算向形式运算转换的阶段，已具备一定的抽象概括能力，能开展简单的逻辑推理。

2. 知识水平分析

在知识层面，学生已经在科学课上学习了"不同环境中的植物形态""植物的生长需要哪些条件"等植物基础知识。但对于身边的栽培植物的生长所需条件和习性并不清楚。

3. 能力水平分析

在能力方面，随着家庭生活水平的提升和信息技术教育发展，参加活动的学生大部分都具备使用电子产品登录互联网查阅信息的能力，有一部分学生具备编程传感器使用的能力，还有学生具备数据收集的能力。多数学生具备与人沟通能力，但并不敢于沟通，同时缺乏整合知识技能解决现实问题的能力和想法。

（二）活动目标

1. 知识技能

能够正确运用编程传感器工具测量数据，根据收集到的数据分析得出栽培植物现在的生长环境是否适宜，找到青少年宫内更适宜栽培植物生长的位置，并最终合作制作出密云区青少年宫植物图鉴，初步意识到环境数据变化对地球的影响。

2. 数据分析

学生经历明确问题、设计方案、实地测量、收集数据、数据整理、分析数据等过程，体会抽象、归纳和推理等基本数据思想，培养学生积极思考的好习惯。

3. 问题解决

学生通过小组合作的方式，综合运用已有生活经验，掌握不同植物的生长环境知识、拍照识花软件、平板网络搜索、电子计算器等软件使用能力，以解决栽培植物生长环境不适宜问题，培养数感、空间观念和推理能力。

4. 情感态度

学生积极参与探究活动，积累活动经验，体验实践中获得知识的快乐，提高兴趣与信心。

（三）活动重难点

1. 活动重点

学生能够正确运用编程传感器调查环境数据。

2. 活动难点

学生通过数据分析找到栽培植物适宜的生长位置。

（四）活动准备

1. 资源准备

平板电脑、学习任务单、温湿度传感器、光照传感器、土壤水分传感器、micro: bit板、扩展板、连接线、青少年宫活动图。

2. 安全知识

熟悉密云区青少年宫安全管理制度，了解活动安全细则。

3. 知识储备

布置预习任务，引导学生主动探索传感器的操作技巧、数据处理的基本方法，并要求学生调查日常生活中常见的植物种类。鼓励学生提交学习心得，以评估并反馈学习效果。

（五）活动过程

1. 栽培植物在身边

引导学生观看活动规则，清晰活动目标，以小组为单位进行评价，促进学生积极参与活动；学生分享课前收集制作的"自己身边的植物"内容，形式不限，展示课前学习成果。学生观看《植物知多少》科普视频，了解全世界植物的数量，知道什么是栽培植物；学生以小组为单位参加互动答题游戏加深对栽培植物在我们生活中重要作用的认识。

2. 校园的栽培植物

以小组为单位漫步青少年宫校园及教学楼内，观察栽培植物在哪里，有哪些栽培植物生长在校园内，栽培植物现在的生长状态，总结汇报所有观察到的植物现状及现象，提出小组内研究问题。

3. 栽培植物还好吗

明确研究问题："栽培植物还好吗？"分组讨论研究，提出研究过程，比如可以包括植物选择、观察和记录方法、数据收集、分析和解释、实验设计、结果报告等方面，内容越全面、翔实，科学性越强越好。

4. 调查能力全掌握

引导学生思考在实地测量时需要准备什么，需要用到哪些知识，布置任务，分组学习传感器的操作技巧以及数据处理的基本方法等内容，掌握活动必备的知识技能。

5. 栽培植物大调查

学生运用编程能力制作调查使用的温度传感器、湿度传感器、土壤水分传感器、光照强度传感器（图2-1）；运用手机识花软件，拍取植物照片，辨别植物名称；利用网络搜索植物名称，调查记录植物的习性及适宜的生长环境等；运用学习过的传感器调查方式，科学合理地调查植物的环境数据。

图2-1　学生运用编程制作传感器

学生运用学习过的数据处理方式，对数据进行估读、求平均值、保留小数、减小误差等操作；学生分享调查的数据结果（图2-2），并和植物适宜的环境数据进行对比分析，得到植物生长现状环境是否适宜的结论，根据论据科学合理地总结出论点。

图 2-2 学生汇报展示

6. 搜查适宜环境区

引导学生思考青少年宫内什么位置更加适合植物的生长，对地点进行预测和分析，小组讨论，选定地点，进行实地调查；学生分享调查位置的数据结果，并和植物适宜的环境数据进行对比分析，找到青少年宫内更适宜此种植物生长现状的环境，根据得到的数据得出科学合理的结论进行分享。

7. 环境变化我知道

引导学生们思考环境数据在时间上的变化，对同一地点进行多次不同时间的测量，收集测量数据。

8. 栽培植物身份卡

引导学生们学习植物身份信息卡的制作方法和具体要素，通过小组分工的方式，制作具有本组特色的植物身份信息卡（图2-3）。

图 2-3 植物身份信息卡

9. 植物图鉴合力做

根据上一环节中得到的最优植物身份信息卡，引导学生们分组分工，合力收集校园内植物种类信息，制作校园植物图鉴。

10. 我来科学提建议

引导学生使用礼貌用语向栽培植物的负责教师、保洁阿姨提出科学合理的建议，给栽培植物搬到适宜的生存环境。

11. 总结活动来评价

引导学生们思考环境数据对于气候的影响，总结活动内容，学生分享感悟，进行教师评价、小组评价、小组互评、被建议人评价、过程性评价等，总结各小组评价表现。

（六）活动评价

为了体现教学评价的客观性和公正性，给予学生更为全面的评价，在本次教学评价中，根据教学实施过程采用了多元性评价方式，并编制出教学评价表。分为总结性评价和过程性评价，总结性评价中教师总结性评价占 50 分。小组自评占 20 分，小组互评占 20 分，被建议人评价占 10 分，共计 100 分。过程性评价中，依托活动规则，根据学生参与程度、发言情况、成果展示等环节分别赋 1～5 分，最后汇总总结性评价得分与过程性评价得分，得分作为活动奖励及学生活动效果的依据。当然课后评价也是活动不可或缺的一部分，所以给学生提供了一个具有挑战性的任务，活动后，学生们每人收到一盆栽培植物，通过运用活动中学习到的知识技能去调查植物的适宜环境数据进行养护，3 个月后，回测学生们的植物养殖成果。

三、活动反思

（一）活动亮点

1. 基于探究主问题设计主题式深度问题链

本次活动中，"5E"教学模式提出的主问题是"如何帮助栽培植物找到适宜的生长环境。"据此构建科学探究性问题链，从基础知识问题——"你知道身边都有哪些栽培植物吗？"到最后拓展问题——"如何礼貌地给负责植物养护的教师、保洁提科学合理建议？"学生每个环节都需要分组完成这些问题任务或者得出问题结论，为学生的思维进阶提供一个"脚手架"，使得知识和认知问题化、思维化，让学习成为学生的兴趣所在和主动需要，让问题解决的过程成为学生思维发展的过程。在解决一系列问题的过程中，随着学生对问题理解的加深，其所运用的知识也产生横向或纵向的联系或延展，问题解决实现了学生科学思维能力与实践应用能力的综合发展。

2. 充分发挥活动手册作为科学探究工具书的作用

为支持并丰富学生的实践活动体验，针对学生活动环节设计内容丰富、结构清晰的学生活动手册，手册由活动规则、活动工具书、活动记录单、活动评价单四部分组成。充分发挥活动手册作为工具书的作用，给学生提供了编程传感器的应用方法注意事项、数据处理方法、调查地点和平面图，学生在活动环节可以时刻查阅手册，确定工具使用方法减少任务难度，助力活动重难点的突破。同时为了能推动探究活动的持续进行，便于学生处理信息和得出结论，活动手册中探究栽培植物部分设计了任务清单式的记录形式，学生在教师的引导下完成任务清单，客观地记录观察到的现象和实验数据，收集证据，经历自主探究过程。

（二）活动不足

1. 活动探究时间不充裕

课后深入访谈得知，由于个别学生学习水平的层次和能力有所不同，学生们对知识的接受程度也出现了差别。在活动中个别小组不能在规定时间内完成任务，影响了收集数据的可信性。因此，预留充裕的交流和探究时间在后期的教学设计修改中需要被特别关注。

2.课堂讨论交流不充分

本次活动虽然是传统的探究活动，由学生分享探究成果和探究过程，但也应该给学生更民主、更开放的以学生为中心的研讨会，由此碰撞学生思维，激起学生探究的火花。

保护森林资源　共享青青绿意——画古树

北京市密云区溪翁庄镇中心小学　许莹

（学段：小学三、四年级）

一、活动背景

森林是人类生存繁衍的摇篮，它能够涵养水源、保持水土、净化空气，保护森林就是保护人类的生存环境，就是保护我们的绿色家园。

大自然是一本活教材，要引导学生亲近自然，通过观察周围的自然现象，表达对自己熟悉事物的现象与看法，因为大自然中有许许多多美妙的事物，是学生成长的好课堂。本次活动通过引导学生通过观察、感受森林和古树的美感，了解古树属于自然文化遗产，探究学习用线表现古树的方法，引导学生在艺术实践中感悟古树文化与艺术创作的关系，提升用线造型的能力，激发学生爱护自然、保护环境的情感。"树"是学生最熟悉的表现题材。采取多种教学方式，如体验式、探究式等，配以多样的教学方法引导学生观察、体验、感悟古树的特点及表现方法。

二、活动设计

（一）学情分析

本课是人民美术出版社小学美术三年级上册线描《恐龙世界》《北京的胡同》的延伸，通过线条造型为以后学习的第七册《厨房一角》、第九册《精细的描写》等线条造型表现课的内容，打下良好的基础。本课为跨页设计，第1页主要是让学生欣赏古树的图片，找出古树明显的特点，欣赏树的线造型美，并让学生通过观察，分析古树的纹理特征。在第2页中，主要展示了学生对古树的观察、写生过程和几幅学生古树绘画作品，主要让学生分析优秀作品的表现方法，抓住古树的特征，加深学生对古树的印象。

（二）活动目标

1.知识与技能

了解古树的相关知识，认识古树的造型特点。学习线造型的归纳、概括能力，会运用线条恰当地表现古树。

2. 过程与方法

通过实地测量、观察分析、探究体验的学习方式引导学生了解古树并认识古树的造型特点，学习用线描的方法表现古树。通过观察感知古树树干的纹理，学会用有疏密变化的线条为主表现古树的树干纹理。

3. 情感态度价值观

体验古树的自然造型的独特之美，形成关注和保护古树的情感。

（三）活动重难点

1. 活动重点

认识古树造型特点，学习测量树木的高度、胸径、冠幅等指标，并用线条表现出不同树种的特征。

2. 活动难点

准确测量树木指标，如何用变化的线表现古树。

（四）活动准备

测高仪、胸径尺、卷尺、水彩笔、素描纸等。

（五）活动过程

1. 绘画导入，激发兴趣

教师通过边说边画的方式，让学生通过故事和绘画对古树产生情感，从而激发学生学习画古树的兴趣和热情。

2. 赏析评述，讲授新知

（1）初步感受欣赏古树：通过故事了解北京的古树文化和历史，使学生了解北京的古树。

（2）了解古树：学生通过知识的收集与自主的学习，培养学生收集信息的能力，独立分析与思考的能力。

（3）利用线条表现古树：通过小组间的交流探究，使学生了解古树的造型特征，培养学生合作解决问题的能力，明确古树的造型特征及方法。

（4）教师演示古树的画法。

（5）学生作品展示：揭示线造型时应注意的问题，突破教学难点，学习用线的变化表现古树，提高学生的观察能力和表现能力。

3. 艺术创作

抓住古树的特征，用线描的形式临摹一棵古树；学生进行实践练习，提高绘画技法，大胆表现造型（图2-4）。

4. 作业展评，感受成功

培养学生的自我评价能力和参与评价的意识。

5. 拓展与小结

通过网上搜索资料，欣赏位于美国加利福尼亚的世界上最古老的树；教师引领学生总结并拓展古树知识，激发学生保护古树的情感。

第二章　自然生态篇

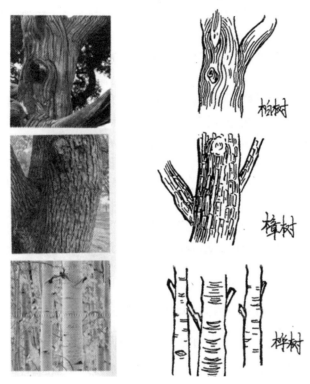

图 2-4　学生作品

三、活动反思

学习仪器的使用方法，测量树木的各项指标并进行记录。通过小组间的交流探究，使学生了解古树的造型特征，培养学生合作解决问题的能力，明确古树的造型特征及方法。

本次实践活动中，以体现美术课程价值为指导思想，同时融合植物生长的知识以及数据统计分析的内容，关注学生学习的过程，促进学生积极主动地参与学习，逐步形成对知识的全面认识与深刻理解。依据建构知识学习理论和迁移学习理论，引导学生完成知识的内化，实现跨学科教学对学生综合素养的有效培养。

在课堂教学中，利用情境模拟、趣味游戏、小组协作等方式去展开活动。以了解古树特点为主题情境，让学生仿佛置身于古老的森林之中，亲身感受古树的沧桑与魅力。在这个过程中，教师适时引入科学课程中植物生长的知识，讲解古树在漫长岁月中的生长历程、适应环境的独特生理机制等。例如，介绍松树和柏树时，不仅引导学生观察它们树皮的不同，还深入讲解这两种树木在生长环境、生长速度、木材特性等方面的差异，以及这些差异与它们所处生态系统的关系。通过这样的方式，学生不仅学到了美术知识中对树木形态、纹理的观察与描绘技巧，还能够理解植物生长的奥秘，拓宽了知识视野。

同时，教师组织学生对不同种类古树的数量、胸径、生长高度、冠幅等数据进行收集、整理和分析。学生们运用所学的数学统计方法绘制图表、计算平均值、分析数据分布等，从而更直观地了解古树的生存现状和分布规律。在这个过程中，学生学会了如何运用数学工具解决实际问题，提高了数据处理和分析能力。

这种跨学科融合的教学方式让学生不再孤立地看待美术、科学、数学等学科知识，而是将它们视为一个相互关联、相互影响的整体。例如，在了解古树特点时，学生需要综合考虑其美术形态、科学生长规律以及数学统计数据，从而形成对古树的全面认知。跨学科教学培养了学生的沟通协作能力和问题解决能力。在小组协作完成任务的过程中，学生共同解决遇到的问题，促使学生学会倾听他人意见、表达自己观点，提高了沟通协作能力。同时，面对复杂的问题，学生需要综合运用多学科知识进行分析和解决，从而锻炼了解决问题的能力，通过这些知识点的融合与能力点的内化，学生把这些知识与其他知识能力紧密地结合起来，形成了完整的认知体系。最终达到使学生有效地对当前所学知识进行意义建构的目的，培养出具有综合素养、能够适应未来社会发展需求的创新型人才。

回归生态　关注科技　生态科技教育一体化
——以《小种子，大学问》课程为例

北京市密云区东邵渠镇中心小学　陈振帅　刘金莲　张静

（学段：小学五年级）

一、课程背景

人类的生活离不开自然，孩子更是如此。北京市密云区东邵渠镇中心小学受"万物并育"中国传统文化思想启迪，以学生成长需求为中心，围绕"在果果课堂里学习成长"的核心任务，紧扣学生熟悉的事物，以秋、冬、春、夏四季成长为脉络，设计了系列实践活动课程。伴随"生态教育"理念的不断深入，本学期结合学生的已有经验和学校的实际条件，针对五年级确定了《小种子，大学问》的活动主题，以此展开课程探索和开展种植活动，让孩子们在种植中了解自然，感受自然，让学生在果果课堂里成长学习。著名的教育学家陈鹤琴先生曾说过："大自然是活教材，我们用眼睛去仔细看看，要伸出两手去缜密地研究。"种植过程是孩子亲近大自然的方式，也使孩子关注、关爱生命的天性得以呈现。种植活动可以促进学生自然、数量、测量、空间、协作、规划、表现、责任感、任务意识及审美等诸多方面的发展，在种植中学习即在生活中学习。

同时，当今世界正经历百年未有之大变局，各个国家之间的人才竞争日趋激烈，国家对拔尖创新人才的迫切需求已经达到了前所未有的程度。培养和造就大批拔尖创新人才是教育强国、人才强国的重要举措，也是实现中华民族伟大复兴的时代要求。所以，本次生态教育实践活动旨在于可行、可见、可评、可测的实践活动中将拔尖创新人才的培养这一系统工程做实做细做出成效。本次生态教育活动课程将太空种子引入校园，引

导学生在做中学、创中学、用中学,学生在经历完整的科学探究过程中充分调动已有认知解决实际问题,通过动手实践、文献阅读等方式主动建构新的知识并更迭原有认知结构,激发学生对种子世界的未知与探索,不断提高学生的深度思维水平与解决问题的能力。

二、课程设计

(一)主要概况

本课程为东邵渠镇中心小学果果课程中的春季课程"本草标签——生长故事"主题中的五年级《小种子,大学问》课程。整个课程分为四部分,主要采用分组合作交流、动手实践、查阅文献、观察记录等方式进行,课程实施周期6个月。具体课程安排如表2-2所示。

表 2-2 东邵渠镇中心小学果果课程安排表

实 践 活 动	课 时
建造种子博物馆	收集种子(1课时)
	分享种子知识(1课时)
	布展种子博物馆(2课时)
制订太空种子栽培研究计划	认识太空种子(1课时)
	制订太空种子栽培研究计划(2课时)
	汇报完善太空种子栽培研究计划(2课时)
实施太空种子栽培研究	评估种植地点(1课时)
	实施种植研究(1课时)
	观测记录生长变化(1课时)
太空种子的种植与思考	分享经验与感悟(2课时)

(二)学情分析

学生生活在乡村,对于种子种植、作物生长等具有一定的生活经历,同时该校学生在三年级时种植过凤仙花,了解了植物的一生;在四年级时通过对比实验对种子的萌发和传播进行了进一步研究,还有很多学生参加过植物栽培大赛。基于以上,学生对于种植已具备了一定的经验,本活动在种植的基础上引导学生制订研究计划并实施,使学生经历完整的科学研究过程。同时,五年级的学生已经能够在老师的引导下设计简单的研究方案,通过阅读文献资料、人物访谈等方式解决相关问题,收集相关数据,展开简单分析;此外,他们注意的集中性与稳定性、思考的深刻性与缜密性逐步发展并占据主导地位,对未知现象的主动探究欲望越加强烈,能够独立思考并具备运用已有经验尝试解决新问题的能力。

（三）课程目标及重难点

1. 课程目标

（1）通过种子栽培的系列活动，学生学会简单的种植技能，当遇到问题时，能用数学的眼光去观察、用数学的思维去思考、用数学的语言来表达、用科学的知识来解决。制订科学可行的研究计划并实施，经历完整的科学研究的过程。

（2）学生在参与劳动的过程中树立积极乐观的劳动价值观，具有必需的劳动能力，培养积极的劳动精神，养成良好的劳动习惯和品质。在小组合作研究、劳动处理问题中，学生能够相互协作、乐于探究。

（3）在种植中了解自然，感受自然，体悟人与自然和谐共生，感受生命的力量、科技的力量，从而做到爱护环境。唤起学生对自然、对大地亲近的本能，让爱护生态环境成为一种自我的需要。

2. 课程重难点

（1）课程重点：掌握种子栽培技能，并能制订且实施科学可行的研究计划，经历完整的科学研究过程；树立积极乐观的劳动价值观，培养积极的劳动精神，养成良好的劳动习惯和品质。

（2）课程难点：运用数学眼光观察、数学思维思考和数学语言表达来解决种植中遇到的问题；在小组合作中有效协作，乐于探究，共同解决问题；将爱护生态环境内化为学生的自我需要和自觉行为。

（四）课程过程

1. 建造种子博物馆，感悟植物生命的开端

收集种子，调查种子的名称、来源、生长周期等，让学生对种植有一个初步的了解；同学之间进行知识分享，对种子的结构、传播、繁衍等内容进行了自主学习；基于所学内容，对种子博物馆进行布展。在建造种子博物馆的过程中学生们与环境融合，理解植物生命的开端与终结，将科学、数学、美术、语文等知识技能应用于课程活动中，做到了在做中学、用中学、创中学。

2. 制订太空种子栽培研究计划，像科学家一样思考

结合太空种子纪录片，讲解航天育种的原理、过程、意义以及优势；课下学生查阅资料，为制订研究计划与种植提供理论基础；学生成立研究小组，讨论确定研究问题；制订研究计划，进行全班汇报；完善太空种子栽培研究计划。在这一过程中培养了学生的创新精神和实践能力，利用太空种子把生态教育和科学紧密地联系在了一起，实现科技教育与生态教育深度融合。

3. 实施太空种子栽培研究，像科学家一样研究

实施研究，对太空种子种植开展讨论；实地考察，评估土地的土壤酸碱度、腐殖质、接受阳光等因素，确定种植区域；根据株行距要求以及发芽率对种植数量进行计算；分配工具、开展种植活动。在这个过程中，引导孩子用数学的眼光去观察、用数学的思维去思考。通过挖掘学校的资源，就地取材、因地制宜，让学生走出教室、走进自然，给学生创设主动探索和学习的条件，使其不断丰富知识和经验。

4. 太空种子的种植与思考，感受生命的力量

太空种子栽培过程中，学生不断地在发现问题、解决问题的过程中整合各学科的经验，开展跨学科学习，增强了解决问题的能力，发展高阶思维。

三、课程反思

种养植活动是学生与植物、土壤、水以及各类工具不断"打交道"的过程，是学生在真实情境下进行沉浸式学习体验的过程。学校依托于"在果果课堂里成长学习"，开展多种课程，启迪学生智慧，培养了他们的科学探究精神。通过此次《小种子，大学问》的课程，学生们不仅学到了种植知识，感受到了科技的魅力，更在实践中锻炼了能力，提高了素养。在这层层递进的学习过程中，学生体悟到生态种植过程中人与人、人与自然、人与社会的关系，使"生态教育理念"不断具体化、深入化、生动化。

本课程秉持在做中学、创中学、用中学的教学理念，引领学生经历全面的科学探究历程。在此过程中，学生积极运用已有认知来应对实际问题，通过亲身实践、文献查阅等多种途径，自主构建新知并更新原有的知识体系。这样的教学模式不仅激发了学生探索种子世界的未知领域的兴趣，还逐步提升了他们的深度思维能力和问题解决技巧，实现了生态教育与科技教育共赢（图 2-5）。

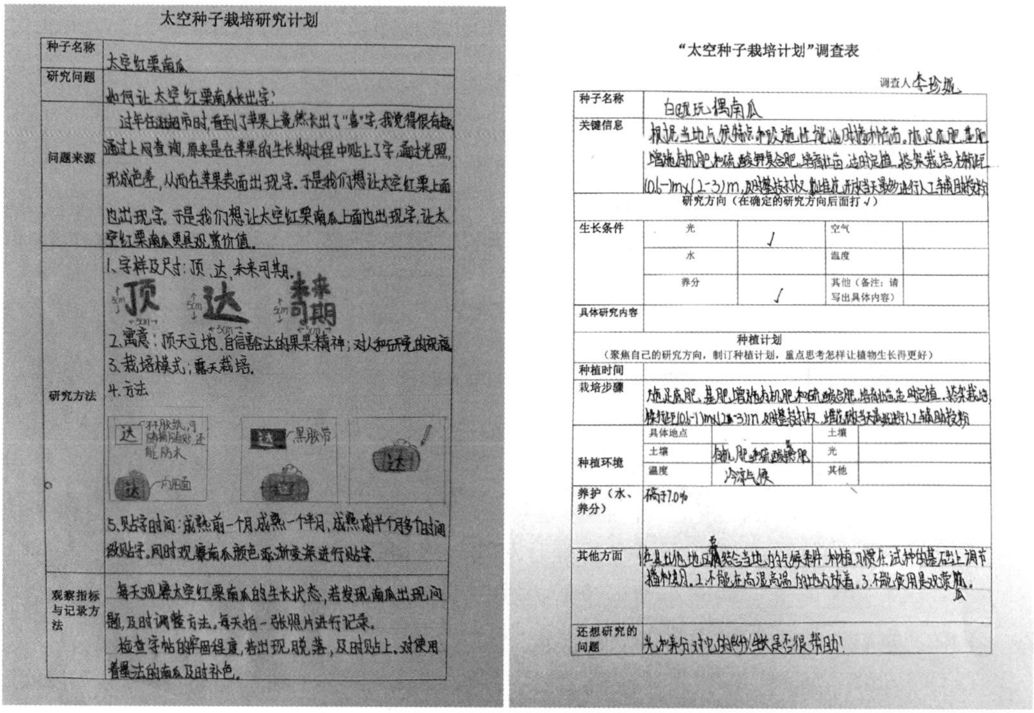

图 2-5　学生活动成果展示

第二节 动物领域

蜂舞产业梦　区域质提升

北京师范大学密云实验中学　张然

（学段：高中一年级）

一、活动背景

本次的实践教学围绕学习习近平总书记生态文明思想中的"两山理论"展开，以密云区蜜蜂大世界实践基地为依托，通过实践基地的实地考察和课堂研讨，帮助学生理解蜜蜂大世界如何运用合作社的机制，在帮助农民增收致富、推动家乡经济发展的同时，实现了对生态环境的保护，增强了学生政治认同感。鼓励学生将所学知识与家乡实际相结合，在理解的基础上进一步思考和探索适合家乡的绿色发展路径，从而达到将生态文明教育落实的效果，增强了学生的家国情怀和社会责任感。通过这一实践主题教育，学生能够亲身感受家乡的发展变化，理解并自觉践行绿水青山就是金山银山的理念，为家乡的可持续发展贡献力量。

本活动设计适用于高一年级的思想政治课程。高一年级的学生学习了《中国特色社会主义》和《经济与社会》两本教材以及部分《习近平新时代中国特色社会主义思想学生读本》的内容后，对我国的经济制度有了基本的了解。活动以密云区蜜蜂产业推动实现经济发展与生态保护的双赢为主题，将习近平生态文明思想、我国的生产资料所有制形式，收入分配制度以及高质量发展等专题融合起来，实现了高中思想政治课程和社会实践的紧密结合。同时，活动通过引导学生自主思考、合作探究等方式加深对习近平新时代中国特色社会主义思想的理解及认同，提升学生的核心素养。

二、活动设计

（一）活动目标

（1）学生通过基地实践活动、课堂展示等方式初步了解农民专业合作社，明确其是壮大集体经济的有效经营方式，进一步提升对我国经济制度的政治认同感。

（2）学生通过阅读资料、小组谈论等方式，明确合作社是推动高质量发展的有效实践，了解其发展对推动区域发展的贡献，是推动高质量发展的有效实践。

（3）学生通过非正式三方会谈的方式，从农民、企业、政府三个视角思考解决合作社现存发展问题的路径，积极承担社会责任，提升他们的公共参与能力和家国情怀。

（二）活动重难点

1. 活动重点

进一步认识农村专业合作社，并明确其对推动区域发展做出的贡献。

2. 活动难点

结合所学知识提出解决合作社现存发展问题的路径

（三）活动创新点

活动设计中采取了前置学习与社会实践相结合的方式，帮助学生在课前对合作社有初步认识，不仅提高了学生的自主学习能力，也使他们在课堂上能更深入地参与谈论与实践中，将理论与实践紧密结合，提升学生在真实情景中运用知识解决实际问题的能力。同时，活动过程中采取三方非正式会谈的方式、通过角色扮演的方式增强互动感，提升学生从不同角度思考问题的能力，符合了思想政治课程作为综合性活动型课程的要求。最后在活动小结部分，采取习语进课堂的方式教育引导学生树立正确世界观、人生观和价值观，自觉成为习近平新时代中国特色社会主义思想的学习者、传播者、拥护者和实践者，激励学生为实现中华民族伟大复兴的中国梦不懈努力。

（四）活动过程

1. 前置学习

课前组织学生参观蜜蜂大世界实践基地，并以小组为单位采取参观、走访和收集资料等方式完成以下任务。第一组任务为了解蜜蜂大世界基地，并在课上简要展示；第二组任务为了解蜜蜂大世界为助推密云区发展所作出的努力；第三组任务为了解蜜蜂大世界目前发展中所存在的问题。

2. 课堂导入

通过多媒体课件展示密云名片蜜蜂大世界的相关图片。

3. 探"蜜"王国：合作社实践初体验

第一组学生课上展示前置学习成果：介绍蜜蜂大世界基地的基本情况；通过对京纯合作社运行模式和实践经验的了解，对专业合作社制度有了更加深刻的认识，如京纯合作社作为农民专业合作社服务社员，开展蜂蜜生产经营活动及旅游项目等，发展壮大了新型农村集体经济，推动农民实现共同富裕。

4. 甜"蜜"使命：蜜蜂大世界与区域发展共舞

第二组学生前置学习的成果：京纯合作社为促进密云发展做出的努力；运用所学知识，学生自主思考，小组讨论该合作社是怎样助推区域发展，实现共同富裕的。

5. "蜜"境之思：挑战与未来之路

第三组学生展示前置学习成果：针对现有问题提出改善和优化的建议；开展"三方非正式会谈"活动，学生分组扮演不同角色（第一组为农民、第二组为企业家、第三组为政府官员）针对展示出的问题，展开头脑风暴思考解决方法。

6. 课堂小结

通过实地考察、小组讨论、会谈活动等方式深入了解了京纯合作社及其在助推密云区发展中所作出的努力，思考和探讨当前面临的挑战，提出建设性意见和建议。

7. 课后思考题

学生结合实地考察的经历与感悟，撰写一篇关于如何在家乡践行"绿水青山就是金山银山"理念的实践报告。

三、活动反思

活动过程虽然通过前置学习，学生们对合作社有了初步了解，但在认识深度上仍显不足，部分学生对理论的认识和理解存在困难，需要在后续的教学中通过案例分析等方式再加以强化。另外，三方非正式会谈活动充分激发了学生的参与热情，但是对学生的基础知识储备和解决问题的能力有较高要求，所以为了提高讨论的深度与广度，教师可以提供一些其他地区的典型案例，或者引入一些专家或相关人士的参与，为学生提供更加专业的指导。除此之外，本活动涵盖了地理、生物等多课学科领域的知识，但在教学活动过程中，部分学科之间的联系和整合还不够紧密，未来还可以进一步探索跨学科教学的相关内容，加强各学科之间的内在联系。

密云水库中学校园鸟类生境营造
——"校园是我们的家，也是它们的家"

北京市密云水库中学　张克昌

（学段：初中阶段）

一、活动背景

北京市密云区作为北京的水源保护区，以其丰富的自然资源和生物多样性，为众多鸟类提供了理想的栖息地。据《北京鸟类图谱》记载，508种鸟类中有超过400种曾在密云区出现，使该地区成为观鸟和自然研究的宝地。水库中学位于密云水库南岸，拥有宽广的校园和独特的自然环境，为师生提供了开展自然科学活动的绝佳场所。

作为学校自然地理环境研究的一部分，校园鸟类生境营造项目旨在通过鸟类科普大讲堂，激发学生对自然科学的兴趣。本项目采用自愿报名及双向选择的方式，学生可加入社团小组，深入研究和学习不同的鸟类生境类型。在此过程中，学生们亲手营造适宜的鸟类栖息环境，并进行长期的实地观测。

此活动不仅能够激发青少年对鸟类的热爱和保护自然的热情，还可以通过实践活动锻炼学生的动手能力和观察能力，提升环保意识，并传播生态文明的理念。同时，此活动也是维护校园内鸟类栖息环境与自然生态平衡的重要举措，体现了学校对生态文明建设的承诺和责任感，促进了学校文化和学生社团的深入传承。

二、活动设计

（一）学情分析

本校学生为初一到初三年级的初中学生，因此，本活动将针对不同年级学生认知发展与年龄特点来考虑课程活动的设置，具体如下。初一学生：强调观鸟活动的游戏性和探索性，通过鸟类识别竞赛和启蒙教育引发学生兴趣；初二学生：逐渐加入系统的生态学知识，通过记录和分析鸟类行为，培养科学思维；初三学生：参与深入的生态研究项目，自主收集数据和撰写观察报告，为科学竞赛做准备。

（二）活动目标

1. 初步目标（半年到一年）

通过社团活动和师生共同参与的方式，营造校园观鸟生态环境，使学生理解和体验生物的多样性及其对生态系统健康的影响。

在日常观鸟活动中，学生将学习如何使用观鸟工具，建立初步的科学观察和数据记录能力。通过定期的观鸟活动，培养学生的耐心、细致观察的习惯和持续探究的精神，同时强化其责任感和自我驱动的学习态度，增强学生对环境保护的责任感。通过亲身参与，培养学生对生态和环境的热爱及保护自然的自觉性。

2. 长期目标（两年到三年）

在观鸟主题上深入研究，鼓励学生采用科学方法，如实验设计、数据分析及批判性思维，进行长期的科学研究。通过实际操作和项目研究，培养学生严谨、系统的研究思维，增强其解决复杂问题的能力。

指导学生整理观鸟数据，撰写课题论文，申报科技奖项，提升学生的学术成就感和自信心。通过连续的努力和成果积累，形成水库中学在生态科学和学术研究领域的显著特色，增强学校的影响力。

（三）活动重难点

1. 活动重点

（1）生态观念的形成：通过理论讲解和实地观察，使学生理解鸟类在生态系统中的作用，培养其对生物多样性和生态保护的意识。

（2）科学观察与记录能力的培养：引导学生正确使用观鸟工具，学习如何进行科学观察、数据记录和初步分析，建立扎实的科学探究基础。

（3）长期观鸟习惯的培养：通过定期的观鸟活动和持续的社团活动，帮助学生养成长期观察的习惯，增强他们对自然的亲近感。

2. 活动难点

（1）学生专注力的保持：观鸟活动需要较长时间的静观和记录，学生的专注力和耐心是活动成功的关键；教师需要通过有趣的活动设计和灵活的教学方法，保持学生的兴趣和参与度。

（2）科学方法的掌握与应用：引导学生理解并掌握科学研究的基本方法，如数据收集、分析和报告撰写，并能够灵活应用于观鸟实践中，这对于初中生来说具有一定难度；持续性的数据记录和分析需要学生具备较强的耐心和细致的工作态度，教师需要给予足够的指导和支持，确保数据的准确性和研究的持续性。

（3）生态环境的维护与优化：在校园内营造适宜的鸟类生境并进行长期维护，需要学生和教师共同努力，持续监测和优化环境条件，确保鸟类栖息地的稳定性和可持续性。

（4）科研成果的转化与展示：将长期观测的数据和研究成果转化为课题论文并参与科技奖项申报，要求学生具备较高的学术写作和表达能力，通过专项培训和指导提升学生的综合素质。

（四）活动准备

1. 设备准备

提前备好望远镜、相机、笔记本电脑、测量工具等必要的观鸟设备，确保每个小组都有足够的设备使用；教师提供记录本、数据表格、录音笔等，帮助学生系统记录观鸟过程中的发现和数据。

2. 场地准备

选择校园内外适宜的观鸟地点，进行安全评估和规划，确保学生在安全的环境中进行观鸟活动；与学生共同设计和营造校园观鸟花园，包括安装鸟巢、饲养鸟食和种植吸引鸟类的植物等，创造适宜的鸟类生境。

3. 环境创设

（1）宣传教育：在校园内设置观鸟主题展板和海报，普及鸟类知识，营造浓厚的观鸟氛围；在校园内布置鸟类标识牌，标注常见鸟类的习性和特点，提高学生的认知度。

（2）学生参与共建：发放申请表（图2-6），收集学生对观鸟主题的兴趣点和愿意承担的观鸟花园任务，了解学生的需求和期望；组建观鸟社团，吸纳有兴趣的学生加入，分工合作，共同参与观鸟花园的设计、建设和维护；活动开始前，组织学生进行观鸟基础知识培训和实践操作指导，确保学生具备基本的观鸟技能和安全意识。

（五）活动过程

自2023年9月中旬项目开始后，经过深入调研，在校园绿地中设计与营造"爱鸟之林"观鸟户外教室与基地，包括入口导览标识、林下课堂、小鸟水池、巢箱示范小广场，种植和鸟类生境相关的植物，等等。截至目前，"爱鸟之林"的相关设施营造基本完成，已成为学校的特色景观，同时也是师生课余时间的休憩空间。组织学生参与活动的过程主要分为以下部分。

第二章 自然生态篇

> 旷野自然LAB
>
> 北京市密云水库中学 地理生物环境研究课题
> 校园观鸟生境营造社团小组申请表
>
> 1. 你对鸟类有兴趣吗？可以展开写写。
>
> 2. 你希望了解或者得到哪些和鸟类相关的知识和体验？
>
> 3. 如果参与校园观鸟生境营造社团小组，你愿意承担的工作（可以多选）。
>   ☐ 校园观察并撰写观鸟记录 　　☐ 使用相关设备拍摄鸟类照片
>   ☐ 参与建造鸟类栖息的相关设施 　☐ 组织协调小组人员
>   ☐ 查阅文献资料提供理论参考 　　☐ 其他 ＿＿＿＿＿
>   ☐ 手绘或者利用计算机绘制观鸟指示板
>
> 4. 请在下方空白处画一只你认识的鸟（选做）。
>
>   　　　　　申请人姓名　　　　　班级

图 2-6　社团小组申请表

1. 理论学习

邀请知名科普专家或鸟类学者到校进行专题讲座，讲解鸟类知识、生态系统和观鸟技巧，激发学生的兴趣和热情；由社团教师进行系统的鸟类知识讲解，包括鸟类分类、习性和迁徙规律等，帮助学生建立基本的生态知识体系。

2. 实地观察

（1）户外观鸟场地共建：在教师和专家的指导下，学生参与校园观鸟场地的设计和建设中，了解鸟类栖息地的生态要求，亲手营造适宜的观鸟环境。

（2）观鸟活动：组织学生到校园及周边的观鸟地点进行实地观察，使用望远镜、相机等设备记录鸟类活动，完成观鸟任务；指导学生详细记录观鸟过程中观察到的鸟类种类、数量、行为特征等，填写观鸟记录表，积累一手数据。

（3）数据分析：教师指导学生对观鸟数据进行整理和初步分析，学习如何使用表格和图表呈现数据；组织小组讨论和分析观鸟数据，发现鸟类活动规律，提出科学假设和探讨问题。

（4）成果分享：鼓励学生拍摄鸟类及其栖息地的照片，并在校园内展示优秀作品；学生整理观鸟过程中记录的自然笔记，分享观察心得和体验，通过书面和图画表达对自然的理解。

（5）线上竞赛辅导：教师和专家指导学生参加观鸟相关的线上竞赛，通过专项训练提升学生的竞赛能力和水平。

活动过程如图 2-7 至图 2-12 所示。

图 2-7 项目场地

图 2-8 社团活动展示

图 2-9 讨论爱鸟之林公约

图 2-10　不同鸟类的巢箱设计与制作

图 2-11　学生们亲手悬挂巢箱

图 2-12　安装红外摄像机

三、活动反思

通过活动的总结与反思，能够较全面地总结活动的优点和不足，明确未来改进的方向，不断提升观鸟科学课程的质量和效果，为学生的全面发展提供更好的支持和保障。

（一）活动优点

1. 理论与实践相结合

通过邀请科普专家授课和实地观鸟相结合的方式，使学生既掌握了理论知识，又通过实践活动巩固了所学内容，提升了学习效果。

2. 激发学生兴趣

通过丰富多样的活动形式，如观鸟摄影比赛、自然笔记分享等，成功激发了学生对观鸟和生态保护的兴趣，增强了他们的参与活动的积极性。

3. 培养多种能力

活动过程中，学生不仅提高了科学观察和记录的能力，还培养了团队合作、沟通表达和问题解决等综合素质。

4. 长期生态教育

通过营造观鸟生境和持续的观鸟活动，学生养成了长期关注生态环境的习惯，生态保护意识显著提升。

（二）活动不足

1. 设备与资源分配

部分学生反映观鸟设备不足，影响了观鸟体验；需增加设备投入，确保每组学生都有足够的观察工具和记录资源。

2. 数据处理能力

学生在数据收集和分析过程中表现出一定的困难，需加强数据处理的专项培训，提升学生的数据分析能力。

3. 个性化指导

由于学生的兴趣和能力差异较大，需要在活动设计和实施过程中提供更个性化的指导和支持，确保每个学生都能在活动中获得成长。

弘扬生态文明　共建绿色校园

北京市密云区第一小学　梁艳

（学段：小学阶段）

一、活动背景

习近平总书记多次谈到生态文明建设的重要性，如何将习近平总书记生态文明教育的思想落地生根，让我们的孩子了解密云生态、保护密云生态、研究密云生态、建设密云新生态，是我们一直思考的课题。目前，北师大生命科学学院为我们带来了春风，着眼于生态教育及思维发展的自然科学观鸟项目以课程的形式在密云一小正式启动，标志着密云一小的自然科学教育，即研究性学习项目走上新的阶段。

二、活动设计

（一）课程积累知识

北京市密云区第一小学是一所区域内优质的百年老校，历史文化厚重。自 2023 年 11 月 30 日起，每周四课后服务的时间北师大生命科学学院博士研究生都会为我校四年级学生带来知识丰富内容精彩的课程。学生们在高学历高技术人才的指导下，思维视野更广大，研究的意识更浓厚，攀登的阶梯更高。

（二）实地参观

1. 北京师范大学动植物标本馆

北京师范大学生命科学学院动植物标本馆汇集了几代师生采集、制作与收藏的珍稀物种、生物演化中的重要代表物种以及具有文物价值的珍贵标本 10 万余件。孩子们通过参观认识到生物物种的多样性，感受到生物进化的过程之复杂，孩子们兴趣盎然。

2. 东北虎豹国家野外观测研究站天地空一体化监测平台

东北虎豹野外科学观测研究平台能够实时传输东北虎豹国家公园范围内的东北虎等大型野生哺乳动物、白尾海雕等鸟类和人类活动的监测视频，能让学生们感受到高科技管理和科研的科学保护能力、监督执法能力、管理决策能力、边境管控能力、自然教育能力和科学研究能力之强大。

（三）课程提升能力

北京师范大学的研究生为孩子们授课，在课程中学生们通过对鸟类、动物及密云区生态的研究，通过与高知识分子的广泛接触，提升了学生的认知水平、生态文明素养、研究意识和能力，激发起他们探求科学的欲望。学生开始对生态问题进行关注，培养了他们对自然的敬畏之心以及将来保护生态、保卫绿色家园的决心。

（四）实地观鸟体验

密云区清水河北庄段浅滩多、湿地环境优，一年四季野生鸟类络绎不绝，有记录的鸟类已达 206 种，其中有国家一级鸟类 6 种、二级 32 种、市级 67 种，清水河北庄段是观鸟的"主战场"。2024 年 5 月 9 日密云一小四年级学生来观鸟，前期学到的知识得以应用，学生们惊喜连连，收获满满。

三、活动反思

将生态文明理念引入校园，使学习从小树立起保护环境、珍爱生命的意识，为建设美好的生态环境做出贡献。相信学生们在成长的道路上，会始终带着对自然的敬畏和爱护，走向更美好的未来。图 2-13 所示为本次活动的照片。

图 2-13　动植物标本馆参观

走近生态密云　探访鸟的乐园

溪翁庄镇中心小学　李默申

（学段：小学四年级至六年级）

一、活动背景

（一）活动理念

为贯彻落实《全民科学素质行动计划纲要（2021—2035 年）》和《北京市中长期教育改革和发展规划纲要（2010—2020 年）》的相关要求，增进中小学生对鸟的了解、关注和保护，培养中小学生观察和探究的能力。

（二）内容选择

密云区作为北京"生态涵养发展区"，是北京市重要的水源保护地。鸟类是生态系统的重要组成部分，良好的生态环境使密云区成为鸟类生活的乐园。它们的生活习性、迁徙规律等信息对于生态学、动物学等相关科学研究具有重要价值。

观鸟有助于为学生普及野生动植物保护知识，增强学生的环保理念。通过观察和记录鸟类的行为、习性及生存环境，使他们深入了解生物多样性的重要性，增强生态保护意识。

学生在参与鸟类观察和记录的过程中，能够提升自身的科学素养，学习和运用科学方法进行观察、分析和总结，实现自我提升。

二、活动设计

（一）学情分析

本活动参与学生为小学四年级至六年级学生，小学高年级的学生对未知领域的探究具备一定的能力，学生通过观察、对比、分析等实践活动，了解密云区良好的生态环境是各种鸟类生活的乐园。围绕探访鸟类生活环境这个主题，让学生对"生态密云"建设意义价值有正确的认知，培养学生主动关注社会、具有社会责任担当等有着重要的意义。

（二）活动目标

（1）通过活动，了解鸟类是生物多样性的重要组成部分，在监测密云区的生态环境、维护密云生态平衡、促进密云生态环境可持续发展方面发挥着重要的作用。

（2）关心家乡的生态环境，在活动中感受生态建设的重要意义，潜移默化地渗透"爱家乡"的教育，培养学生的社会责任感。

（3）通过观鸟活动，了解各种鸟的生活习性，学会基本观鸟的方法，培养兴趣，增强保护生态环境的意识。

（三）活动重难点

1. 活动重点

了解密云生态环境，学习观鸟基本的方法，培养学生兴趣。

2. 活动难点

深刻了解密云生态建设的重要意义。

（四）活动准备

1. 教师准备

视频、PPT、计算机教室、北京地区常见野生鸟图鉴、双筒望远镜。

2. 学生准备

课前收集生态密云建设相关资料与密云区常见鸟类资料。

（五）活动过程

1. 生态密云大搜索

（1）教师引导：播放视频，了解"生态涵养发展区"；引导学生交流密云生态环境发展变化情况；引导学生说一说生态环境对各种鸟类的影响；引导学生梳理自己知道的学校周边地区常见的鸟种。

（2）学生活动：观看视频，初步了解"生态涵养发展区"建设的战略意义；自由发言，交流自己知道密云生态发展变化情况的资料；自由发言，交流生态环境对鸟类的影响；以小组为单位整体记一记学校周边的鸟种。

（3）设计意图：活动前学生已经通过走访父母、上网收集资料，知道密云区是北京市的生态涵养区，了解生态环境对鸟类的影响，知道密云区常见的鸟种。本环节的目的是检测活动前小组长带领组员完成收集整理资料情况。通过交流，大家互相补充，能够清楚地知道密云区常见的鸟种。

2. 识鸟认鸟大比拼

（1）教师引导：出示几种常见的鸟图及常见鸟的叫声，引导学生讨论自己识鸟的方法。

（2）学生活动：用眼睛认识身边的鸟类；用耳朵认识身边的鸟类；借助鸟图鉴识鸟。

观察鸟的外观特征。可以仔细观察鸟的体型、身长、体重等外部形态，以及鸟的头部、翅膀、尾巴等部位的形状和大小，帮助学生初步判断鸟的种类和习性。

观察鸟的日常行为。可以仔细观察鸟的飞行方式、飞行速度、飞行高度等飞行行为，以及鸟的觅食行为、栖息习惯、交流行为等日常行为表现，帮助学生了解鸟的生活习性和适应环境的能力。

观察鸟的生态环境。可以仔细观察鸟所处的水域环境、气候条件、地形特征等生态因素，以及鸟类的栖息地、食物来源、天敌等因素，这些生态特点可以帮助学生深入了解搭船的鸟的生活环境和生存状况。

（3）设计意图：学生根据自己的生活经验，形成基本识鸟方法，借助鸟图鉴探讨识鸟的方法。通过本环节的活动，小组学生共同探讨交流巩固认鸟识鸟的方法，为实地观鸟奠定基础。

3. 鸟类大搜索

（1）教师引导：介绍使用双筒望远镜的方法，引导学生实地观鸟；讲解光圈调整、微调的方法，注意事项；用双筒望远镜在树林、河面找鸟；引导学生将自己看到的鸟准确地记录在表格中。

（2）学生活动：学习调整、使用双筒望远镜的方法；学习记录表的使用方法；实地观鸟。

（3）设计意图：运用学到的知识进行实地观鸟，把所学知识变成技能，增强学习意识，激发学习兴趣，在实地观鸟的过程中提升环保意识。

三、活动反思

本次活动针对学生的这些情况，采用调查、体验分享等形式解决这些问题，旨在增强学生建设良好生态环境的责任意识。本次活动有以下两方面亮点。

（一）形式多样，引导学生感悟生态涵养区建设的价值

北京市密云区是首都最重要的水源地，是生态涵养区的重要组成部分，是保障首都生态安全和实现可持续发展的重点区域，京津冀协同发展格局中生态涵养区的重要组成部分。调查发现，生活在密云水库周边的学生对生态涵养区的概念并不是很了解，因此，活动前设计了走访、网络收集生态涵养区建设的相关资料的内容，通过小组交流探讨的活动环节使学生对生态涵养及生态环境的价值有深入的理解。

（二）结合实际，通过实地观鸟，引导学生关注家乡的生态涵养建设

本活动以核心素养为指导理念，引导学生关注社会，这就要提升学生对社会热点问题进行关注。近年来，密云区生态环境持续向好，野生动植物种类逐年增多，尤其是作为反映地方生态环境晴雨表的珍稀鸟类，已收录了21目、70科、388种之多。鸟类在密云区呈现出的数量、种类和到达的时间等可以直接反映出密云区生态指标，"观鸟"可作

为凸显区域生态本底价值的依据。因此，活动中设计了让学生活动前收集密云区常见鸟种资料的活动内容，从而唤起更多人对生态涵养区建设的责任意识。活动中设计了实地观鸟的活动内容，从观鸟、爱鸟、护鸟的活动体会生态涵养改变了环境，环境的变化吸引更多的鸟类来这里生活栖息。这样的良性循环，让生态涵养的理念深入到学生的心灵。

本次活动最突出的问题就是学生对实地观鸟还不够熟练，孩子还缺乏实地观鸟的经验，因此，我们应该给学生多提供实地观鸟的平台，根据学生的年龄特点和能力，设计更具有实效性实地观鸟的活动。

第三节 湿地领域

探寻家乡生态 争做时代新人
——太师庄中学"知家乡、爱家乡"生态文明教育主题实践活动

北京市密云区太师庄中学 高静

（学段：初中阶段）

一、活动背景

（一）紧跟新时代步伐，落实立德树人根本任务

本活动以习近平新时代中国特色社会主义思想为指导，全面贯彻党的二十大精神，深入贯彻习近平生态文明思想，将生态文明教育融入育人全过程，落实立德树人根本任务，为党和国家培养具有生态文明价值观和实践能力的建设者和接班人。

将生态文明教育内容融入课程设置、社会实践、校园活动等环节，众多学科共同参与，以节约资源和保护环境为主要内容，引导学生养成勤俭节约、低碳环保的行为习惯，形成健康文明的生活方式。在不断增长见识和增加体验的过程中，着力培育学生知行合一的精神与他们未来参与生态文明建设的行动能力。

（二）适应新课程方案，培养学生学科核心素养

《义务教育课程方案和课程标准（2022年版）》要求落实立德树人根本任务，发展素质教育，强化课程综合性和实践性，推动育人方式变革，着力发展学生核心素养。这就要求学校更新教育理念，转变育人方式，切实提高育人水平，构建实践型的学科育人方式，促进学生德智体美劳全面发展。开展跨学科综合实践活动与生态文明教育，为学生提供个性化、多样化的学习和发展途径，在实践中激发学生好奇心、想象力、探求欲，提升学生解决实际问题的能力，在实践中将已学知识内化为学生核心素养。

（三）依托本地区特点，践行学校生态文明教育

密云区既是首都重要的水源保护地和生态治理协作区，也是北京市的生态涵养区之

一、近年来,密云区荣获多项国家级生态称号,因此,学校的生态文明教育成为建设典范的重要任务。

太师庄中学位于密云水库上游的太师屯镇,生态环保教育是学校的重要任务。随着密云水库周边环境的改善,清水河河流断层得到修复,湿地环境明显改善。春季时,清水河上常有野生白天鹅聚集歇息,这为学校开展生态文明教育提供了良好时机。

二、活动设计

(一)学情分析

本校现有14个教学班,学生343人,是密云水库北部地区规模最大、学生数量最多的学校,学校学生主要来自周边农村,对家乡自然环境有深厚情感与理解,但环保认知和实践能力存在不足。学生对家乡生态环境有浓厚兴趣,期望深入了解并积极参与保护行动。因此,学校需设置相关课程与活动以满足学习需求。学生有强烈责任感与使命感,渴望通过课程提升环保意识与实践能力,为家乡可持续发展贡献力量。学校地处密云水库旁,可利用资源组织实地考察与实践活动,让学生感受自然之美,深化对生态文明理念的认识。综上所述,学生迫切需学习"知家乡爱家乡"生态文明教育主题实践活动,学校应设计合适的教学内容与方法,利用周边资源开展实践活动,培养环保意识与实践能力。

(二)活动适用范围

初中阶段的全体学生。

(三)活动目标

(1)深入探索北京市密云区及太师屯的悠久历史脉络,以清水河为线索,了解密云水库发展史,学习军民奋斗精神,增强对家乡的热爱,坚定理想信念。在绿水青山中唱红歌,缅怀先烈,铭记烈士的爱国精神。

(2)进行一场融合多学科知识的清水河实地考察活动,深入探索密云区的地理、生物与环境奥秘,全面了解太师屯的地形地貌、气候特征、水系分布及植被多样性,以实践行动增进对自然环境的认知与爱护。

(3)宣传生态文明教育,用绘画、音乐、诗词赞美家乡,用中英文撰写宣传语、美文、倡议书表达热爱;结合社会实践,提升生态文明素养,培养家国情怀。

(四)活动重难点

1. 活动重点

本次活动的重点在于通过组织实地考察、环境监测以及清洁行动等多样化的实践活动,使学生能够全面了解家乡的发展建设成果与深厚的乡俗民风。学生在亲身参与的过程中,将深刻体验环保工作的重要性,从而更加珍视家乡的美好环境,增强对家乡生态环境的保护意识,并树立为家乡繁荣发展而努力学习的远大志向。

2. 活动难点

活动面临的挑战在于如何有效地引导学生将地理、历史、生物等跨学科知识相互融合、综合运用，自主构建完整的知识体系，并在实际活动中灵活应用，实现理论知识与实践操作的有机结合，从而提高学生的综合素质与实践能力。

（五）活动准备

1. 成立工作领导小组

由书记、校长任组长，副校长、各部门主任和年级组长为领导小组成员，负责对课程实施过程的统筹协调、整体指导和监督管理；设立活动策划小组、教学支持小组、后勤保障小组三个工作小组。

2. 活动前安全勘察工作

活动前一周，干部与教师实地勘察预定线路，确定行走路线、休息点、如厕点、午间休息和集中场地，检查沿途道路、设施、山体安全情况；对随队保障车辆进行安全检测，确保符合国家规定。组织人员检查准备活动所需物品。

3. 制订活动安全预案

明确干部教师在行进队伍中的位置与安全管理责任，召开动员会进行教育提示；制订家校协作方案，家长参与活动纳入家长委员会管理；班主任重点说明活动详情，家长需了解并配合；活动中，随车干部保持联络畅通，指挥车辆，确保交通安全。

（六）活动过程

1. 行前动员

活动组织人员安全培训会；学生动员会及准备工作；出发前对学生进行活动纪律要求和安全教育，使学生明确此次活动的目的意义和各项要求。

2. 人文之旅——靓丽清水河

（1）知家乡——经纬相交品水土：地理老师结合学生们制作的展板，介绍清水河的位置、气候等；巩固课上所学知识，在现场考察中进行应用；用知识分析师屯的气候为当地的农业生产提供了哪些有利的条件。

（2）忆家乡——触摸历史续文脉：历史老师介绍密云水库历史，道法老师介绍密云水库精神；学生了解密云水库精神，提升乡土情怀。

（3）绘家乡——春姿绽放绘山水：借助绘画作品了解名画《千里江山图》和密云水库；用绘画与色彩描绘家乡的美丽。

（4）赏家乡——少年扬鞭正"YOUNG"：借助英文资料，解决问题；使用英语介绍家乡，提升口语。

（5）吟家乡——花草疏影寻诗意：由语文教师组织学生以班级为单位开展诗歌朗诵、飞花令；学生在古诗词中品味家乡美、对环境、对自然的热爱，弘扬传统文化。

（6）颂家乡——芳华尽舞抒情怀：活动前学习歌曲和舞蹈，活动中展示歌舞；借助歌曲舞蹈抒发对家乡的热爱，体会作为密云人的自豪。

3. 生态之旅——绿水青山

（1）临家乡——一路青春赴山水：用脚丈量土地，提升数学思维；巩固课上所学知识,在现场考察中进行应用。

(2)恋家乡——百般红紫留心田:生物教师介绍太师庄地区的动植物,学做植物标本。

(3)唱家乡——多娇江山谱红歌:通过歌唱展示的形式感染和激励学生珍爱生态环境和保护环境的意识。

(4)建家乡——不忘初心向未来:语文教师教写倡议书,现场发出倡议"传承红色基因,建设绿色生态。"用实际行动热爱家乡、保护生态。

4. 成果展示——彰显最好的自己

(1)精神文明班评比:促进各班集体荣誉感和集体凝聚力的增强,实现户外实践与精神文明双丰收。

(2)三分钟演讲比赛:在期末以"知家乡 爱家乡 建家乡"为主题进行演讲;了解家乡、宣传推介家乡、讲述家乡。

(3)"植物叶"斗芳菲:激发学生对自然事物产生研究的兴趣,增强学生热爱自然和保护环境的意识。

5. 返校与总结

由陡岭子村返回学校;德育主任对学生此次远足活动的表现进行总结和评价;班主任对学生进行点评;布置自主性作业,对本次活动进行总结。

6. 展示与表彰

完成任务单,在课堂上进行相应的展示;评选本次实践活动精神文明优秀班集体,并进行表彰。

(七)活动实施路径

本活动分为四个阶段,分别是问题提出、问题驱动、问题解决、总结提升,活动实施路径如图2-14所示。

1. 问题提出:构建知识网络,提高认知水平

"跨学科融合教学"是实现活动目标的有效途径。在整个教学实施过程中,教师要对每个学科的特点、教学目标、课程内容等方面进行分析,在此基础上将不同学科知识融合在一起,帮助学生构建全学科知识网络,促进学生认知水平的提高,培养学生综合运用学科知识解决实际问题的能力。本活动问题的提出与设计基于学生各学科知识网路构建成果,通过跨学科融合教学,给学生带来更加丰富和多元的学习体验,让学生对知识产生更加浓厚的兴趣。在教学过程中,教师要充分发挥学科优势、调动学生学习兴趣、拓展课堂教学内容、引导学生开展探究性学习、培养学生创新能力、培养学生团队合作精神。

2. 问题驱动:以学生为主体,深度交流与合作

新课改后的课堂教学更加注重学生的主体地位,学生才是课堂教学活动中真正的主角,教师只起到引导作用。在整个教学实施过程中,教师需要转变观念,充分认识到自己在课堂中的作用,把学生当成学习和发展的主体,以问题驱动方式引发学生思考,让学生自主通过寻找解决问题的方法和途径来进行学习,激发学生自主探究能

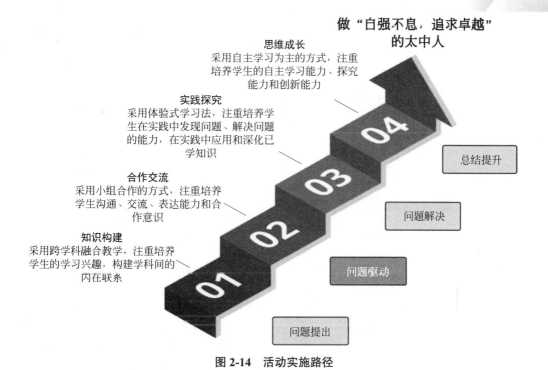

图 2-14 活动实施路径

力。教师从单纯的知识传授者转变为学生学习、发展的指导者、促进者和合作者，充分调动学生学习知识、参与活动、实践探究的积极性，让他们在实践中积极主动地学习中掌握知识，在合作与交流中培养探究能力、创新能力、表达交流能力、协作能力等。

3. 问题解决：理论知识和实践经验相结合，深化学习成果

采用体验式学习法，强调实践中的问题解决能力，应用深化已学知识。活动从太师庄地区的实际情况出发，结合理论与实际问题，激发学生自觉学习和探究自主性。学生在实践中深化学习，把知识应用到实际中，培养实践和尝试的勇气。解决家乡问题，培养热爱家乡之情。

4. 总结提升：培养正确的价值观，做"自强不息，追求卓越"的太中人

通过活动，学生培养坚持不懈、奋勇向前的精神，交流合作探索家乡之美，展现太中精神"自强不息，追求卓越"。学生们目睹家乡变化，感受家乡美好，为家乡发展自豪。作为新时代青年和密云建设者，学生立志远大，发扬自强不息精神，为家乡建设贡献自己的力量。

（八）评价方式

本活动评价以活动目标、活动内容、课堂表现、实践成果为依据，以培养学生正确价值观和综合核心素养为出发点和落脚点。评价内容主要是学生在学习过程中出的综合核心素养水平，并注重用评价结果改进教师的教学行为和学生的学习方式，完善活动设计，使教、学、评相互促进，共同服务于学生核心素养的发展。

本活动评价体系主要采用多元评价机制，以促进学生自主发展为目标，如图2-15所示。

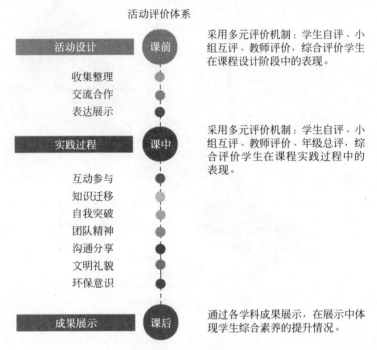

图 2-15　活动评价体系

三、活动反思

本活动以促进学生全面发展为核心目标。通过精心设计的主题实践活动，我们旨在引导学生走出学校和书本的束缚，深入大自然，亲身感受家乡的悠久历史、壮丽山川以及独特的风土人情。

在长途跋涉的实践中，学生们不仅锻炼了坚韧的体魄，还培养了吃苦耐劳、团队合作的精神品质。这种精神品质已逐渐渗透他们的日常生活和学习中，成为他们面对挑战、克服困难的重要支撑。

自本活动实施以来，教师与家长普遍反映学生们在面对困难时展现出更强烈的自我突破意愿，更愿意与同学们携手合作，共同攻克难关。同时，学生们对解决生活中实际问题的兴趣明显增强，他们更乐于探索学科之间的联系，将所学知识融会贯通。

此外，此次活动也促使教师育人观念的深刻转变，新课改理念得以深入人心。走出教室，走入自然，教师从课程的执行者变成了引导者，从课本的讲述者变成了聆听者。通过本活动，教师更深刻地理解了新的课程标准、人才培养要求、育人理念等，经过活动的打磨和实践的深入，教师育人观念不断转变，新课改理念深深根植于每一位教师心中，并践行在每一节课堂中。

关注家乡的水源——走进家乡河

北京市密云区第三小学　冯小军　肖颖

（学段：小学四年级）

一、活动背景

（一）指导思想与理论依据

综合实践活动本质上是基于实践学习，回归生活的一种教育方式，基于经验是综合实践活动课程的核心理念。坚持"以人为本"的原则，从学生与自然、学生与他人和社会，学生与自我发展的整体上把握活动的内容与方法。

社区服务与社会实践活动是学生在教师的指导下，合理开发和利用课程资源，走出教室，参与到社区与社会的一种实践活动。以其获得直接经验，发展实践能力，增强社会责任感为主旨，注重学生社会服务意识、公民责任感、创新精神的培养。

通过"走进家乡河"这一主题，学生通过调查发现家乡的河流利用主要分为修建水库、养殖、旅游、耕种等。河流的开发给居民带来了较好的经济效益，但也带来了很多生态环境问题。这引起了学生对家乡生态环境的关注，同时激发了学生热爱家乡及建设美好家乡的情感。在以研究性学习为主要学习方式的综合实践活动中，培养了学生获取和利用信息的能力，使他们学会了合作、调查，以及科学的研究方法。在活动过程中加强了学生的思想道德建设，使德育工作在综合实践活动中得到完善的体现。

（二）活动背景分析

新城子镇位于密云区东北部，本地域内的安达木河是密云水库的重要水源，而密云水库又是北京市提供饮用水的战略储备基地。因此，密云水库的水质倍受重视，但是对于源头的水域治理却有些忽略。随着新城子镇大搞旅游开发，镇里的经济得到了飞速发展。然而学生们在生活中也发现了不少村民破坏河流生态环境的现象，例如村民为了民俗旅游大搞建房，便去河床上随意采挖沙石；把河边当为垃圾的堆放点等一系列问题。因此，我们提出了"走进家乡河"这一综合实践活动主题。旨在通过实践活动学生掌握科学研究的一些基本方式方法，保护家乡河的生态环境。

二、活动设计

（一）学情分析

"走进家乡河"这一主题活动由我校四年级的学生予以实施。学生们参与过《家乡古堡的调查研究》这一主题，能够使用问卷、访谈、上网、阅读、对比实验等研究方法进行调研，探究欲望较高，善于从生活中发现问题。学生每天上下学都要经过这条安达木河，为这个主题的开展提供了便利条件。但是，他们参加社会实践与社区服务的经历相对较少，在组织、管理方面的能力较弱。

(二) 活动目标

(1) 知道安达木河的发源地、流经区域、长度以及名字的由来。
(2) 了解安达木河石头、鱼类和周遍的环境现状。
(3) 提高分析、归纳、总结的能力。
(4) 初步理解和学会分析归纳的一般方法。
(5) 感受安达木河的环境现状，激发学生热爱家乡、保护环境的情感与愿望。
(6) 体会小组合作学习意义，增强和别人合作的意识。

(三) 活动重难点

1. 活动重点

学生自主分析家乡河环境遭到破坏的原因并用合理的办法解决环境问题。

2. 活动难点

组织开展"保护家乡河"宣传与推广实践活动。

(四) 活动准备

1. 教师准备

掌握家乡河"安达木河"的环境问题，例如：鱼的种类和数量急剧减少，村民随意河床采挖沙石，河边的垃圾堆放问题等，并设计对这些问题的解决方案；了解学生家长的基本情况，发掘与利用外界人力资源；与镇域内各个村委会及学生家长交流沟通，建立良好的关系；准备照相机、录像机等辅设备。

2. 学生准备

在走进安达木河活动中记录的资料；本小组活动的图片。

(五) 活动过程

1. 提出并分析研究主题

(1) 学生提出安达木河相关的问题。
(2) 针对学生们提出的问题进行师生筛选，选择有价值、可研究的问题。
(3) 针对大家所选的主题，组织学生分组并选择合适的研究方法。

2. 制订研究计划开展调查研究

(1) 组织学生自主设计活动方案。
(2) 组织学生对各个小组的研究方案进行交流，随后对方案进行修改并完善。
(3) 开展调查研究，收集并整理资料，形成研究结论。

3. 交流汇报分析问题，谋求解决方法

(1) 引出主题：引导学生知道安达木河是我们的母亲河，产生保护母亲河的想法。
(2) 家乡河的调查汇报交流：带领学生回顾每个小组研究的小主题；组织学生进行分组汇报交流；选择其中一个研究主题组织学生交流汇报；引导学生通过思考鱼类的生

存现状，进而关注家乡河流的环境问题。

（3）总结交流内容：以学生小组汇报的形式进行。

（4）课堂小结：学生交流自己的收获与感受，强化环保意识。

4.广泛宣传，影响身边的人

（1）鼓励学生开展"小手牵大手——保护家乡河"宣传活动：组织学生发散思维，讨论并进行相关宣传活动；带领学生集中整理宣传意见。

（2）组织学生召开"我行动我自豪——保护家乡河"宣传活动：与镇教委和各村村委会取得联系；寻找场地开展活动；组织学生到河边、各家、公共场所等为村民讲解保护河流的相关知识；组织学生与村委会协调解决填埋垃圾场，美化河流周遍环境，树立提示牌等。

5.成果反馈交流总结

（1）组织学生汇报宣传结果。

（2）召开"座谈会"，交流"节水进社区"心得体会。

三、活动反思

（一）活动特点

1.合理开发和利用课程资源

本活动超越了封闭的课堂限制，面向自然、面向社会、面向学生生活和已有经验。在开放的时空中促进学生生动活泼地发展，增长学生对自然、对社会、对自我的实际体验，发展综合实践能力。学生通过采访、问卷调查、实地考察、上网和查阅书籍等研究方法，了解了家乡河的环境问题。在教师引导下，学生主动深入研究，分析问题产生的根源尝试解决问题，从而产生强烈的"保护家乡河"的欲望。

2.突出体现综合实践活动自主性特点

学生自主选择研究主题，自愿结成小组，选择研究方法开展综合实践活动。课堂汇报以学生为主体，学生课上交流汇报过程做到"推介会""交流会""辩论会""总结会"四个阶段，把综合实践课的课堂交给学生。始终把学生的"自我发展""自我提高"放在首位。

3.将研究性学习与社区服务和社会实践两大综合实践活动指定领域进行融合

在本活动中，学生采用研究性学习的方式，自主获得知识与技能，如"鹅卵石的形成过程""鱼类的保护色"等活动。随后，学生运用研究性学习所获得的知识与技能，开展与投入社区服务与社会实践活动中。

（二）活动优点

"走进家乡河"实践活动，设计严密、组织精心、活动精彩，学生们收获丰硕，很好地体现了综合实践的理念，教师的课程资源意识以及对当地教育资源的运用也很到位。活动的主题选取了新城子当地的河流"安达木河"进行研究，将当地的资源转化成教育资源并引入教学之中，运用科学的方法安达木河进行研究，对学生的知识、技能、情感态度价值观是一个全面的培养和提升。这个主题活动体现了主题探究的学习方式和社会实践学习的重要意义。

此次活动贴近学生生活,以学生感兴趣的问题为主题,遵循科学研究的规范与步骤展开学习活动。学生通过有关问题的研究,提出解决问题的方案,并以小组的方式运用科学的方法进行研究活动,从而得出成果或结论。本次活动还充分体现了学生的社会参与性,让学生作为社会成员参与到社会生活中。在活动中,让学生真实地走进村庄,走进家乡的河流。通过实地考察、问卷、访谈等研究方法进行社会实践活动,做到了让实践检验所学,让知识转化为技能,在生活中求知,体现了综合实践学习的重要意义。

第四节 大 气 领 域

探秘学校气象站主题实践活动

北京市密云区大城子学校 李赵力

(学段:小学四、五年级)

一、活动背景

9月开学后,教师和学生们欣喜地发现,学校里增加了新的事物——气象站。为什么要在学校里增加气象站?气象站有什么用途?气象站里的仪器都是什么?它们是怎样工作的?……学生们对这个新事物充满好奇,因此有了"关于学校气象站的研究"这一活动主题。

气象现象是自然界中普遍存在的现象,与人类生活息息相关。然而,许多学生对气象现象缺乏深入的了解和认识。通过校园气象站的建设和观测活动,可以让学生更加直观地感受气象现象,了解气象学的基本知识,培养科学探索和实践的兴趣。通过此课程方案,学生将有机会深入了解气象学,掌握气象观测和预报的基本技能,同时培养团队合作和科学探究的能力。这不仅有助于提高学生的综合素质,还能增强他们对环境保护的认识和责任感。

本课程为小学综合实践课程,旨在通过探秘学校气象站的活动,了解气象站的建设和观测活动,进行探究性学习,培养学生提出问题形成小主题、查阅资料、调查访问等解决问题的能力,同时与科学、数学学科进行跨学科实践学习,培养学生观察、记录和分析气象数据的能力,以及科学探索和实践的兴趣。

二、活动设计

(一)学情分析

本课程在小学四五年级实施,他们非常喜欢实践活动课,从低年级便开始了研究性学习活动,掌握了一定的小组合作、资料收集整理、设计探究活动的能力。学生对气象研究非常感兴趣,在科学课上学习过风力风向以及用温度计测量温度的知识,会进行读数；在数学课上接触过折线统计图，能根据统计图进行简单的数据分析。

（二）课程目标

根据学生的实际情况以及气象课程特点，本课程设计了以下四个方面的课程目标。

（1）通过课程的探究学习，观察、观测以及跨学科学习活动，让学生了解气象学的基本概念、气象要素及其观测方法，掌握气象数据的记录和分析方法。

（2）通过云游气象站以及参观学校气象站，使学生对气象观测设备观测方法有所了解，在活动中培养学生观察、记录和分析气象数据的能力，以及科学实践的方法和技能。

（3）激发学生对自然现象的好奇心和探究欲，培养学生的科学探索精神和团队协作精神。

（4）通过气象站课程，使学生对气象与生活的关系有所了解，能通过气象观测后的反思总结，提高对环境保护的认识和责任感。

（三）活动准备

（1）通过调查问卷的方式，对学生进行了气象站问卷调查，了解学生对气象站的认识以及学生对气象相关知识的认识情况。

（2）访问科学教师、数学教师，了解学生知识方面的储备，例如风力、风向、温度的相关知识；记录、统计、分析等相关学科知识。

（3）教师提前对学校气象站进行具体全面的了解，熟悉设备并设计探究相关活动。例如走进气象站，数据记录分析，云游气象站，设计制作气象观测工具雨量筒、风向标风速计等。

（四）活动实施过程

1.组织学生参观校园气象站，了解气象站的基本设备和功能

学生以小组为单位，对气象站的设备进行观察、绘制、记录，了解气象站的基本设备，猜想气象设备的用处；利用信息技术课程，查阅气象站设备信息，对学校气象站有全面的认识（图2-16）。

图2-16　小组观察并记录气象站信息

2. 指导学生进行气象要素的观测和记录

使学生了解气象要素包括温度、湿度、气压、风速、紫外、光照、PM10、土温、土湿等；带领学生观察气象站大屏幕显示的数据，对数据内容进行记录，形成数据记录表；通过自主收集资料，对记录气象要素中自己不明白的要素进行详细了解，形成资料卡。

3. 引导学生分析气象数据，了解气象现象的变化规律和影响因素

经过一段时间的数据记录，学生形成了学校气象站研究数据记录单，在课堂上，教师带领学生进行数据的分析与整理，有的小组把温度与土温相互进行对比，制作了统计表与统计图，并进行分析，提出自己的发现。例如温度与土温有一定的关系，季节不同，土温和温度变化的不同，冬季的时候土温明显比较高，而春夏秋季节土温比较低。由此学生们想到了家里的地窖，冬季温暖，春夏季凉爽，说明土壤的保温效果比较好。还有的小组关注了粉尘的数据，他们通过数据分析发现大城子的污染情况比较少、自然环境好与周围树木多绿植多有关，还可能与本地区的工厂少有关。还有的组关注了氮磷钾的数据变化，他们整理数据、制作折线图并分析数据，进行了跨学科学习，关注气象与生活，利用气象知识指导生活。

4. 教师组织学生进行网上云游气象站

了解专业气象站的设备及其测量方法，学习天气符号，利用气象数据进行天气预报播报模拟。

5. 制作简易的雨量筒、风向标、风速计

学生利用生活中的废旧物品，进行制作活动，如利用矿泉水瓶制作雨量筒，利用一次性纸杯制作风向标、风速计等。虽然学生们制作的作品较为简单粗糙，但是在制作的过程中，学生对风向标、风速计、雨量筒有了更多的了解和认识。通过活动学生对气象观测更加感兴趣，知道在没有气象观测设备的时候，如何进行气象观测。学生传递绿色理念，践行环保行为，从而提升环保意识。

三、活动反思

自2019年9月大城子学校气象观测站建成以来，秉执"育人、服务"的思想，组织学生利用气象观测站，并进行气象观测以及科学普及等活动。学生首先对气象站感兴趣，其次对气象站产生探秘的好奇心，之后提出研究小主题，利用综合实践活动课的时间，进行大主题、长周期的综合实践研究活动。学生们进行资料的收集与整理，提出小主题，制作分享交流材料，疫情居家期间，学生还利用网络进行网上气象站的云游活动，利用身边的废旧材料，制作雨量筒、风速计等。经过探索与实践，学校气象科普教育的育人氛围更加深厚，气象科普活动的内涵更加丰富，气象育人的特色更加彰显。

环境与气候的变化对人们生产生活、生命财产的影响越来越大，普及气象知识，提高人们的防灾减灾的知识越来越重要，因此，我们力争让每一个学生都有参与的机会，在参与观测活动时由教师指导，以班级为单位，组长负责的形式开展，做到准时、准确，有记录，有资料。

通过"低碳生活，从我做起"等活动向学生传递绿色理念，践行绿色行为。培养学生的节能环保意识。

同时，活动也存在不足之处，例如由于学校教师中没有专业气象专业的教师，缺乏专业知识，希望能有相关的培训，从而提升师生的研究水平；另外，气象工作应该是全员的，但是学校里部分教师不太重视气象工作，因此，我们需要提升所有教师的气象科技意识，做到全员育人。

发展未有分期，前进永不言止，在以后的工作中，我们将继承传统，开拓创新，让气象科技特色之花在大城子学校开放得更加鲜艳。

大气热力环流
——以密云水库夜间吹什么风为例

北京师范大学密云实验中学　唐飞　吴丽维　张美怡

（学段：高中一年级）

一、教学背景

新课标理念突出强调培养学生的地理学科素养，重视对地理问题的探究，注重课程与实际相结合，学习生活中有用的地理。同时注重跨学科融合，与物理学、数学学科相结合，提升学生全面思考问题的能力。本活动设计关于水与沙子的比热容的实验，让学生在课堂上展示自己得到的结论。同时，在课堂上利用烟圈模拟大气环流实验视频，通过自主学习，自主活动探究，自主地把书本知识带到实际生活中，培养学生的观察能力、地理实践力、语言表达能力和综合分析能力。更重要的是学生在获取知识的过程中逐步形成了地理思维，最终促进学生学科能力的提升，进一步落实地理课程理念。

地理新课标将人地协调观、综合思维、区域认知和地理实践力确定为核心素养，这同时也是国家育人方向的体现。实践出真知，实践既是理论的来源、认知的动力，也是思维品质的直接体现。人地协调观、综合思维、区域认知等素养是通过地理实践体现出来的。因此，地理实践力在地理核心素养中具有独特的地位。

地理实践力的培养有助于学生观察、调查、动手实验能力的养成；有助于学生自主探究、团队合作能力的提高；有助于提升学生的行动意识和行动能力，增强社会责任感。因此，为落实新课标理念，培育新时代接班人，本活动进行了地理实践力培养的探索实践。

二、教学设计

（一）教学内容分析

本章内容以人教版高中地理必修一地球最外部圈层——大气圈为知识背景，大气是学生高中阶段接触到的第一个地理要素，按照知识结构由外向内的认知顺序，教材将大气安排在学生初步掌握地球的宇宙环境及其圈层结构之后。

在结构认知领域,为落实"运用图表等资料,说明大气的组成和垂直分层及其与生产和生活的联系。"这一课程标准,本章设置了基础内容课程"大气的组成和垂直分层"。第一节"大气的组成和垂直分层",为"地理特征与差异描述"的重要章节内容,本节运用图表等资料,说明低层大气的组成及其主要成分的作用,通过感知对流层的天气变化提高学生的地理实践力,描述大气垂直分层的划分及其各层的主要特点,认识不同区域对流层厚度的差异。

在过程认知领域,为落实"运用示意图等,说明大气受热过程与热力环流原理,并解释相关现象。"这一课程标准,本章又设置了"大气受热过程和大气运动"一节基础内容课程。第二节"大气受热过程和大气运动",为"地理过程与变化分析"的重要章节内容,本节运用图解法说明大气受热过程,并指导学生学会绘制大气受热过程图,能够运用大气保温原理解释相关自然现象。通过对大气受热过程的分析,从时空角度认识热量传递的过程;解释生产生活中的某些现象,增强地理实践力。在进行系统大气运动原理的过程中,教材在第二节增加了"大气对地面的保温作用""大气热力环流"及"大气的水平运动——风"等内容,为后续进一步学习自然地理打下基础。

(二)课时分配

本单元计划4课时完成。第一课时主要是运用视频、图表等资料,说明大气组成、垂直分层及其与生产、生活的联系。第二课时主要从大气垂直分层的特点出发,介绍大气对太阳辐射的削弱作用,进而说明大气辐射、地面辐射和太阳辐射之间的相互转化过程,弄清楚大气是如何热起来的。第三课时讲解了大气热力环流的形成原理以及与实际生产生活的联系。热力环流原理是继大气受热过程之后的一个重要原理。地面不均匀受热主要是由太阳辐射的纬度差异和下垫面热性质差异引起,太阳辐射是大气根本的热源,大气不均匀受热是大气运动的主要原因,大气热力环流则是理解许多大气运动类型的理论依据。本课题的教材内容包括正文、三幅插图、一个案例和一个活动。三幅插图分别展示了热力环流的形成过程、城市热岛环流和海陆间的大气热力环流;一个案例是认识城市热岛环流;一个活动是绘制海陆间大气热力环流模式图。教材中的案例与活动源于自然界中的现象,与学生的生活联系十分紧密。本课时拟通过生活实际问题"制冷空调和暖气的放置位置"作为前置探究任务,激发学生的探究兴趣。学生通过实验观察,描述实验现象并说明大气热力环流的原理。通过学生生活的直观感受,以"密云水库夜间吹什么风"为情景,创设情境"谁是判断小能手?"通过所学海陆风的知识,巩固大气热力环流知识,并进一步结合城市热岛环流,来规划密云区的污染性企业应该布局在什么地方。这一过程可以提升学生的地理实践力和区域认知能力,把书本知识带到生活中去,让学生感受到生活中处处有地理,感受到地理的魅力,并进一步树立学生的人地协调观,让学生学习生活有用的地理,为密云的建设贡献自己的一分力量。第四课时主要是说明水平运动是在力的作用下产生的,利用图像等去说明不同状况下作用于风的力,以及风形成的风向。通过教材对应的活动,去分析形成风的力及风向。让学生进一步去理解风与力的关系。

（三）学生情况分析

高一学生地理基础知识较为薄弱，部分学生空间想象力较差，虽然他们有一定的生活经历，但对生活中的许多地理事物和现象缺少应有的观察和思考。不过经过一段时间的训练，大部分学生的读图能力已有一定提高，并具有一定的分析能力。因此，在教学中，教师应尽可能利用示意图和直观实验演示增加素材的直观性，引导学生观察、分析、归纳，并引用学生较为熟悉、生活化的案例进行分析，提高学生的关注度，引起学生共鸣。

（四）教学目标

（1）通过热力环流实验演示，说明热力环流的形成过程（综合思维）。

（2）通过测量并分析同一时间内不同性质下垫面的温度差异，解释海陆风的形成原理及特点（地理实践力、区域认知）。

（3）结合大气热力环流原理，解释密云区污染性产业布局的合理性（人地协调观）。

（五）教学重难点

1. 教学重点

利用大气热力环流的原理，解释生活中的实际问题。

2. 教学难点

利用大气热力环流原理，解释生活中的实际问题。

（六）教学过程

1. 情境导入

以密云水库夜间吹什么风为背景，创设情境"谁是判断小能手？"让学生扮演不同角色，布置目标任务，引出本节课要学习的内容；激发学生学习兴趣，增强学生代入感。

2. 模型构建

展示动图"热腾腾的火锅和凉飕飕的冰淇淋"，提出问题；由生活情境构建模型，为本节课学习打基础。

3. 前置学习

展示空调和暖气的安装位置，提出问题："为什么空调总是壁挂式而暖气一般安装在靠近地面的位置？"通过生活中的真实情境，快速导入新课。

4. 实验演示

播放热力环流演示实验视频，提出问题："墨水的运动规律是怎样的？这样的运动规律是怎么形成的？"锻炼学生的分析概括能力。

5. 角色扮演

探究预设案例"密云水库夜间吹什么风"，让学生角色扮演并小组讨论，在探究海陆风的成因与特点的过程中，找出正确答案；通过小组讨论，归纳海陆风的成因与特点，完成情境探究；提升学生代入感，激发学生学习兴趣。

6. 分析地图

观察密云区地图，引导学生猜想为什么工业园区与奶牛养殖基地等都布局在郊区；

锻炼学生知识迁移能力，厚植爱国主义情怀。

7. 课堂小结

构建思维图谱，学生代表总结，其余学生补充；锻炼学生的总结归纳能力。

8. 作业检测

锻炼学生迁移运用知识的能力。

三、教学反思

本课为了将难点简单化、重点突出化，教学设计进行了整合和创新，将"五育"纳入活动设计中，同时落实课程思政，厚植学生爱国主义情怀。对于本次展示课，结合领导和听课教师的宝贵意见以及个人授课过程的体会做出如下几点教学反思。

（一）教学亮点

1. 德育强凝魂

立德为先，修身为本，是人才成长的基本逻辑。在课程学习探索中，赋予学生不同角色，通过"密云水库夜间吹什么风"这一问题为出发点导入情境，并通过前置实验，让学生明确热力环流的形成过程，变结论式教学为经验式教学，让学生知道"是什么"的同时也知道"为什么"。

2. 劳动微实践

学生课前动手实践，测量水体和沙子表面的温度差异，明确海陆风中的冷源和热源，为本节课的学习做好铺垫。

3. 智育微教学

通过相互学习，自主学习，师生交流，聚焦关键的学科知识和能力，用驱动性问题指向知识和能力，在解决问题的过程中进行学科与生活的联系与拓展，用城市热岛效应的活动探究检验学生对知识的理解和运用，并归纳如何规划城市污染性产业的布局，培养学生的人地协调观。

4. 美育微熏陶

借助热力环流的基础知识，给学生布置实践任务，探究学校内部是否存在热力环流。

（二）不足之处

（1）为更好地落实自互展评测的教学评一体化，在课堂小结部分应当尽可能地让学生说，来主动搭建本节课的知识图谱，检验学生"是否跟着学？"。

（2）在教学设计中应当设置学生矩阵，在备课过程中，应考虑到不同难度的问题要由不同层次的学生进行回答。

（3）教学设计中尽可能补充课时教学流程图。

（4）在智笔运用方面，展示速度过快，应当在课前提前测试。此外，没有运用智笔的前期数据收集功能，有待改进。

（5）关于小组讨论，讨论的过程就是让学生切换状态，调整状态的过程，尽可能让学生站起来讨论。

（6）关于小组加分，将加分落实到黑板上，对学生产生正向激励作用。

（7）关于教风教态，要规范用语，使用恰当的过渡词。

（三）改进措施

（1）在以后的教学中，应当充分发挥以学生为主体、教师为主导的理念，让知识从学生的嘴里主动说出。

（2）每节课备课过程中，做到心中有学生，设置学生矩阵。

（3）智笔应用应当突出前期数据收集功能及课后作业批改功能，同时重视智笔使用过程中可能出现的问题。

（4）小组讨论、汇报、加分等流程，在教学过程中应当充分落实，发挥学生的主体能动性，同时展示交流的过程要尽可能地让基础较差的学生展示，发挥小组合作优势。

第五节　山　体　领　域

逐青山绿水　绘生态蓝图
——生态文明视域下地理学科活动的探索与实践

北京市密云区不老屯中学　陈明月　李小敏　李子臣

（学段：初中阶段）

一、活动背景

（一）指导思想

1. 生态文明教育渗透地理实践活动

随着地球资源的日益匮乏和环境的日益恶劣，生态文明建设已成为全球的焦点。在此背景下，越来越多的人认识到了保护生态的必要性，生态文明教育的重要性也得以充分显现。初中地理课程作为学生接触生态文明教育的重要渠道，应发挥其独特的作用。通过生态文明教育，帮助学生更加深刻地认识并理解人和自然的关系，帮助学生潜移默化地形成良好的生态文明观念，这不但是时代发展的要求，同时也是核心素养教学的要求。基于此，本活动以"生态文明视域下地理学科活动的探索与实践"为主题，探讨如何将生态文明教育融入初中地理实践活动中，提高学生的生态意识，促进社会的可持续发展。

2. 落实德育为先，促进五育融合

立德树人是教育的根本任务，地理学科教育是培养德、智、体、美、劳全面发展的社会主义建设者和接班人的重要途径之一。实践活动"拍家乡山川"，学生利用假期拍摄家乡壮美山川照片开启地形单元实践之旅，学生用自己的脚步和相机记录祖国和家乡之美，在地理课程学习中厚植爱国主义情怀，奏响五育融合的交响乐。

3. 落实《义务教育地理课程标准（2022年版）》课程理念

2022年版义务教育地理课程标准中明确指出，地理工具的内容既可以独立教学，也可以与其他主题内容结合起来学习。本单元优化课程结构，打破了教材限制，把地理工具地图和认识中国主题内容相结合，先学习等高线地形图、分层设色地形图相关知识内容，再运用地图工具归纳家乡的地形特征。

本单元活化实践活动内容，优选与学生生活和社会发展密切相关的地理素材。融合基础性实践活动利用模型纸笔绘制等高线地形图和具有时代性的科技馆数字沙盘体验立体模型到地图的空间概念转换。课前实践活动将丰富的地理素材与鲜活的课堂学习相结合，激发学生的学习兴趣，从而乐于观察现实中的地理现象探索地理问题。

4. 落实"双减"政策要求

《北京市关于进一步减轻义务教育阶段学生作业负担和校外培训负担的意见》中强调，要提升课堂教学质量，减轻实践活动负担。本单元实践活动设计符合初中学生年龄特点和学习规律，涵盖德智体美劳全面育人的基础性实践活动，还布置了分层、弹性、个性化的实践活动。以"先做后学、先学后教、少教多学、以学定教"为原则，设计了紧紧围绕课堂学习内容的课前、课堂和课后实践活动，为课堂学习提供素材、巩固课堂所学知识、检测课堂学习获得，从而达到减负提质的效果。

（二）校园文化

我校秉承"从今日做起，为幸福奠基"为办学理念，遵循"知行合一，勇于超越"的校训。我们的使命是"为每一位学生的成长创造可能，提供有幸福感的教育生活"。我们的育人目标是"培养有底气披荆斩棘，有勇气笑对人生的少年"。我们的核心价值观中有这样一句话："为多元发展创造可能，用一切机会和资源为师生创造成功。"所以我校地理组秉承学校文化，利用一切资源为学生的学习成长创造可能。

（三）资源特色

我校坐落在密云区东北部的云峰山脚下，背倚云峰山，前览密云水库，位于密云水库北岸的上风上水地带，具有独特的生态环境优势，是地理学习非常好的优势资源条件。在此次生态文明视域下的地理学科实践活动中，我们深挖学生身边可用的资源进行活动。

二、活动设计

（一）学情分析

初中阶段是智力发展的关键阶段，该年龄段的特点是对事物充满好奇感，渴望获取知识，对地理学科兴趣浓厚，在轻松有趣的学习环境中乐于探索，而且思维非常活跃，喜欢思考性强、实践性强和具有一定挑战性的内容。因此，抓住学生特点，设计真实情境下丰富多彩的个性化实践活动，有助于提升学生的学习兴趣。

初中学生已具备阅读景观图、平面图的基础知识，逻辑思维从经验型逐步向理论型发展，观察力、记忆力和想象力也随之发展，动手能力较强。但他们还尚未具备自主阅读地形图的能力，尤其是等高线地形图的相关知识比较抽象，需要一定的空间想象能力，这也是本活动的难点。因此，在设计实践活动时，注重阅读地图方法的学习以及从地图中提取有用信息、解决问题能力的培养。

学生整体认知水平受客观条件的局限相对较低，基础知识较薄弱，对于专业性、综合性较强的地理知识还需要深入学习，学生生活的地理环境以山地丘陵为主，在实践活动中行动力较强，便于实地观察。

（二）活动目标

（1）学生通过野外考察、学具制作、绘制地图、社会实践等实践活动说出等高线地形图、分层设色地形图表示地形的方法，建立图示地形与真实地形的对应关系，初步形成空间概念；提升学生用图解决问题的能力，地理实践力得到初步培养，在考察过程当中，生态文明意识得到提升。

（2）运用地形图找出基本地形之间的差异及其在地形图上的表现，识别基本地形，读图能力得到提高。

（3）运用中国地形类型分布图及剖面图，简要归纳我国的地形特征，提炼归纳区域地形特征的方法，欣赏祖国壮美山川，爱国情感得到提升；结合实例描述地形对交通的影响，综合思维这一核心素养得到渗透。

（三）活动重难点

1. 活动重点

（1）本活动内容是北京市初中学业水平考试的主要知识之一，是自然地理要素的重要一点，学生需要构建地理要素间的关系，运用相关知识和学科能力解决地理问题，学生的灵活性和逻辑性还有待提高。

（2）本活动涉及的中国地形类型及其特征的描述，地形对人口、城市和聚落分布等的影响，人地协调观的形成等内容，学生需初步地、辩证地看待自然地理环境与人类活动的关系。

2. 活动难点

（1）等高线地形图的阅读及地形部位的辨识有难度，学生缺乏等高线知识，对于生活的周围每天看到的山体，缺乏地理视角的认识。特别是对于山脊、山谷的辨识难度较大，地理学科素养有待提升。

（2）本活动内容在生活、生产情境中可迁移拓展，对学生的综合思维、区域认知和人地协调观的学科素养水平要求较高。

（四）活动过程

1. 绘图说——地形图的绘制

（1）拍家乡山川，赏青山绿水。

利用该实践活动，使学生了解家乡不同地形部位的地貌，让学生在实践活动展示过程中介绍自己的实践活动任务。帮助学生感性地认知地形部位，以"先做后学、先学后教"为原则，为新课做铺垫，提升课堂效率。除此之外，还结合了德育、美育和体育，小小照片拍摄渗透多重教育功能，激发学生兴趣。图2-17所示为学生的拍摄作品。

（2）建模拓线，绘等高线地形图。

两人一组，利用黏土制作的模型绘制等高线地形图，标注等高线海拔，由低到高为0m、500m、1000m。观察模型上的山峰、鞍部、缓坡、陡坡、陡崖、山脊、山谷，在绘制的等高线地形图中对应位置上标注数字；阅读所绘等高线地形图，观察这些地形部位的等高线及其数值特点。并在展示过程中讲解自己的实践活动。图2-18所示为学生绘制的地形图作品。

图 2-17　学生的拍摄作品

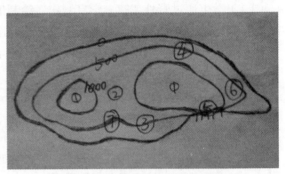

图 2-18　学生绘制的地形图作品

（3）分层设色，绘制地形图。

在小组绘制的等高线地形图的两条相邻等高线之间涂上不同颜色，0～500m两条等高线之间涂上深绿色，500～1000m两条等高线之间涂上黄色，1000m以上涂上橘色，得到一幅等高线分层设色地形图。绘制陆高海深表，并根据所绘分层设色地形图出题。在展示过程中运用地理语言讲解自己的实践活动。图2-19所示为学生上色后的地形图作品。

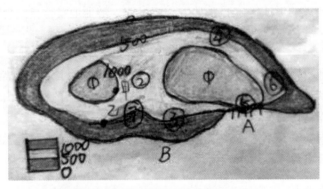

图 2-19　学生上色后的地形图作品

2. 制作说——地形模型的制作

（1）高科技助力，识地形类型。

教师带领学生在中国科学技术馆的沙盘上用沙子一起体验5种地形类型的制作，沙盘屏幕会分层设色实时显示学生们制作的地形类型的海拔。根据沙堆形态运用地理语言指出5种地形类型及其特征。

（2）制地形模型，悟地形特征。

小组合作，选择不同颜色的橡皮泥，制作5种地形类型模型，并展示说明不同颜色代表的海拔、5种地形类型的形态和坡度特点；准确标注地形类型名称和位置，在展示过程中运用流畅、准确的地理语言指出制作的地形类型及其特征。

3.旅行说——家乡的地形特征

（1）赏山川美景，感家乡地形。

利用学生亲眼所见更真切的感受家乡秀美山河，为新授课做铺垫，选取典型实践活动用于课堂教学素材；通过欣赏学生制作的家乡不同地形的景观卡片、PPT或视频介绍，随后进行趣味游戏说出不同地形区的景观特征；提升学生感知身边地理知识的能力，制作编辑图文资料的能力和表达能力。

（2）制图固基础，爱国爱家乡。

利用学校开设的"豆艺"活动课，分小组在教师提供的印有轮廓的底图上，粘贴学生自备的谷物，完成地图；可选中国地势三级阶梯图、北京市地形图、密云区地形图，每组上交一幅地图作品。

（3）绘制地形单元思维导图。

根据《逐青山绿水，绘生态蓝图》的学习，进行知识梳理，以小组形式上交作品；能初步揭示自然环境各要素之间、自然环境与人类活动之间的关系。

（4）地形对人类活动的影响——以交通为例。

结合背景资料，用身边的实例说明地形对交通的影响，完成形式为调查分析文本、视频、PPT等均可；引导学生从地理视角思考问题，关注自然与社会，逐步形成人地协调与可持续发展的观念，为培养具有地理素质的公民打下良好的基础。

三、活动反思

（一）整合利用各种资源

在实践过程中，我们积极整合利用各种资源，包括家乡周边的地理资源、学校特色课程资源、中国科技馆等资源。我们获取了丰富的地理数据和信息，帮助学生解决学习难点，为实践活动的顺利开展提供了有力保障。

（二）增强地理意识和社会责任感

通过参与实践作业，学生能够更加深入地了解自然环境的相互作用，增强对环境保护、可持续发展等问题的认识和关注。这有助于培养学生的地理意识和社会责任感，引导他们积极参与社会事务，为社会的可持续发展做出贡献。

（三）促进综合素质的发展

地理实践作业通常需要学生进行合作学习和小组讨论，这有助于培养学生的团队合作意识和沟通能力。同时，面对实践中的问题和挑战时，学生需要学会独立思考和解决问题，有助于培养他们的创新精神和批判性思维。

（四）对后续举行生态文明相关的地理实践活动的启示

我校将继续加强生态文明理念的宣传与教育，提高学生的环保意识和参与度；注重课堂教学的融入，尊重并引导学生参与生态文明建设；拓宽资源获取渠道，提高资源利用效率；加强团队协作与沟通，提升实践活动的组织和实施能力。

总之，本次生态文明视域下的地理实践活动，为我们提供了宝贵的经验和启示。我们将以此为契机，不断总结经验教训，完善实践活动的设计和实施，为推动生态文明建设贡献更多力量。

依托地域资源　践行生态文明
"知北庄　爱北庄"远足踏青综合实践活动课程

北庄中学　陈生青

（学段：初中一年级）

一、活动背景

党的二十大报告指出，大自然是人类赖以生存发展的基本条件。尊重自然、顺应自然、保护自然，是全面建设社会主义现代化国家的内在要求。必须牢固树立和践行绿水青山就是金山银山的理念，站在人与自然和谐共生的高度谋划发展。因此，学校开展生态文明教育活动，培养中学生的生态文明意识、生态思维方式、生态实践能力，在知情合一的生态文明教育实践活动中，使学生成为生态文明的实践者、传播者和监督者，成为区域生态文明思想的主要力量之一，具有重要而深远的意义。

随着信息时代的到来与人工智能的发展，人们获取信息变得更加便捷和智能，在这个信息爆炸的时代，人们面临的挑战已经从"如何获取信息"转变为"如何处理、理解和利用信息"，学校教育正在"学知识"向"发展核心素养"转变。为了顺应时代需求和培育时代新人，教育部于2022年4月21日正式发布了《义务教育课程方案和课程标准（2022年版）》，其中指出，新课标的主要变化之一是优化了课程内容结构，提出各门课程原则上至少要用10%的课时设计跨学科主题学习。基于以上原因，学校决定将生态文明教育与跨学科主题学习进行整合，以踏青远足实践活动为载体开发相应课程。

（一）深度挖掘地域资源，融入生态文明教育

北庄地处密云水库上游，与河北省兴隆县接壤，境内清水河、黄岩河纵贯全境，气候宜人，自然环境优美。北庄镇域内有黄岩口长城古迹，有承兴密联合县政府旧址、抗日烈士纪念碑等红色教育资源，也有黄岩口水库、北干渠等反映社会主义建设时期的建设成就，还有"山里寒舍"这样反应改革开放后成就的知名乡村度假村。以上可见，这里的教育资源可谓十分丰富，而且品类齐全。这为学校开展生态文明教育活动提供了广

阔的天地。为全面贯彻党的教育方针，实施素质教育，更好落实北庄中学"求真尚美、创造未来"的教育理念，实现"办精品特色农村初中校"的办学目标，促进学生德、智、体、美、劳全面发展，培养学生良好的习惯、强健的体魄和聪慧的头脑，使学生成为爱家乡、爱祖国的有用人才和健康、阳光、心灵手巧的美丽少年。结合北庄得天独厚的资源优势，学校经过梳理，从生态、发展、传承三个维度进行踏青远足实践活动课程设计，课程定位在热爱家乡教育、户外运动与极限挑战、多学科现场学习、革命传统与理想信念教育、主题团日活动、生态文明教育实践等。

通过活动前学习有关文献资料，使学生了解北庄镇及活动路线周边地区的社会和历史概貌；通过实地考察，进一步熟悉和了解北庄地区的山川、河流、植被、物产等生活常识；通过教师讲解，帮助学生进一步了解北庄地区风土人情、社会生活、红色历史和改革开放后社会经济的飞速发展，了解北庄经济社会发展的美好前景，进一步增强对家乡的热爱，坚定求真尚美、创造未来，报效家乡、奉献祖国的理想信念。

（二）科学规划，统筹设计，构建课程体系

学校教师团队在查阅文献资料、调查走访和实地勘察的基础上，开发出三色实践活动线路，分别为"黄岩口绿色环保之旅""山里寒舍金色发展之旅""大岭联合县政府旧址红色寻根之旅"，其涵盖的主要内容有以下几个方面。

（1）教师沿途引导学生观察黄岩河、清水河河流向、河道走向、宽度、枯水期流量等基本情况；两岸植被景观、地形地貌和海拔高度变化；北庄地区整体地貌以及特有的丹霞地貌等。

（2）了解营房、点兵台、杨家堡、黄岩口地名由来和历史传说；参观山里寒舍度假村，观察感受干峪沟地形地貌和植被；感受干峪沟偏远、干旱和自然条件贫瘠的基本情况，了解干峪沟村开发乡村旅游的基本现状。

（3）欣赏长城、墩台、关口等历史遗迹，黄岩河与清水河交汇处及河两岸景观，黄岩口水库及黄岩河两岸风光；欣赏窟窿山、五十一蹬长城等景观，大岭一带山林植被和自然景观；教师沿途引导学生观察欣赏当地特有的野生杜鹃花，认识沿途主要经济树种（如核桃、山里红、苹果、梨等）。

（4）组织主题团日活动。请老前辈讲解黄岩口水库建设及建成以后的灌溉、发电等情况；请村干部讲解干峪沟村红色历史和改革发展历程，教育学生牢记历史，从小树立拼搏、创新的发展观念；参观承兴密联合县政府旧址和纪念馆，听讲解员介绍密云和北庄地区的抗战及革命斗争历史；发展新团员入团仪式和团员宣誓活动等。

三条线路全长16~26km不等，基本涵盖北庄镇主要村庄和所有重要景观地，每一届学生用三年的时光完成北庄镇的三条学习之旅，感受独特的家乡文化，增强学生的核心素养以及对本乡本土的认识和热爱，努力践行社会主义核心价值观，最终唤起学生对家乡、对祖国、对社会主义建设的热情和信心。学校整理编写成《"知北庄爱北庄"踏青远足综合实践活动手册》，除了收录活动方案、任务单之外，还编辑整理了北庄地区自然风物、历史记忆、文化遗产等方面资料，并作为学生课外学习、考察的参考读物。

二、活动设计

（一）精心设计实践活动，创新课程实施

（1）"知北庄爱北庄"踏青远足综合实践活动每学年组织一次，每次一天，一般安排在清明节后、五一节前的某一个周五。

（2）本课程共规划设计三条活动路线，基本涵盖北庄镇主要村庄和所有重要景观地，每一届学生至少走完三条线路，使其对北庄镇有一个比较全面的了解。

（3）本课程由学生服务中心和团总支负责牵头组织实施，课程实施前两周制订活动方案和安全预案，经校务会议讨论通过和密云区教委批准后实施。综合服务中心负责设备、物资、车辆和安全保障。

（4）教师服务中心负责安排相关学科教师编制实践活动任务单，活动过程中指导学生完成实践作业，活动结束后及时收集实践作业并做好评价。

（二）多元展示全面评价，助力学生成长

1. 课程的评价

（1）对教师的评价。学校将定期对本课程质量进行评议和审议，以改进课程的品质。评价主要参照教师的自我评价和同行审议，同时参照学生的课程满意度调查及学生家长对课程的意见，引导教师在课程实施过程中自觉提升自身的专业能力和素质。

（2）对学生的评价。建立以自我评价、组内评价、教师评价和家长评价结合的评价制度。注重过程评价、发展评价，每个学生建立记录档案，学生成果可通过实践操作、作品鉴定、竞赛、评比等形式展示，成绩优秀者可将其成果记入学生学籍档案。

2. 学生的成长

（1）助力学生核心素养的发展。

① 认识发现自我价值，发掘自身潜力。在远足活动中，学生们锻炼了体质、提高了耐力、磨炼了意志、挑战了自我，在实践中培养出顽强不屈的性格和吃苦耐劳的品质。学生们在活动中突破了极限、发现了自我，并进而将这种顽强的毅力带到日常的生活学习中。

② 善于发现提出问题，初步具备处理复杂问题的能力。远足实践活动实现学生掌握知识从感性到理性的提升，促进知行均衡发展，在学科知识目标达成的基础上，让学生在真实情景中发现并提出问题，合理解决问题，努力提高学生勤于实践、勇于探索、敢于创新的能力。

③ 履行社会责任，树立规则与法治意识。远足实践活动走出校园、走进社会，更需要彼此团结协作、文明守序。例如集体过十字路口；行进中不掉队、不离群；分组活动互帮互助、争做苦活累活等。通过活动，学生真正懂得遵守规则的重要意义，学会了合作与担当，树立了法治意识和社会责任感。

④ 学生通过查找、收集、整理资料，拓宽了自己的知识面。培养了学生的实践能力、社会交往能力，以及收集信息、分析问题、总结问题的能力，养成主动探究、敢于

实践，合作交流的学习习惯，促进学生个性健康发展，让他们掌握多渠道收集和整理资料的方法。

⑤ 学生通过合作，对自己的实践成果有喜悦感、成就感，感受到与他人合作、交流的乐趣。

（2）践行生态文明教育。

① 通过踏青远足实践活动，引导学生尊重自然、顺应自然、保护自然的发展理念，养成低碳环保的生活习惯，形成健康文明的生活方式。

② 踏青远足实践活动走出校园，亲近自然，学生在风景中放松心情，开阔眼界，让学生真正懂得欣赏大自然，热爱大自然，树立生态环保意识。

③ 通过踏青远足实践活动，让学生感受到家乡的美丽蜕变，激发学生对家乡、对祖国的热爱之情，让学生进一步感受了生态文明建设的魅力，增强生态文明的意识。

④ 通过踏青远足实践活动，使学生认识到了绿色发展、循环发展、低碳发展的重要性，提高了环保意识，从而成为环境保护的宣传者、实践者、推动者，自觉节俭消费，共创绿色生活，共享绿色家园。

三、活动反思

（一）学校的发展

1. 提升教学质量

本课程有助于教师打破传统的教学框架，将不同学科的知识进行融合，形成更加完整和生动的教学内容。这种教学方式可以更好地吸引学生的兴趣，提升他们的学习效果。

2. 培养学生综合素质

课程鼓励学生运用多个学科的知识和方法去解决问题，有助于培养他们的综合素质，包括创新思维、批判性思维、沟通合作能力等方面。

3. 提高教师的专业素养

本课程需要教师具备跨学科的知识和教学方法，这促使教师不断更新自己的知识体系，提升自己的专业素养。同时，跨学科教学也需要教师之间的合作，有助于形成教师之间良好的合作关系。

4. 优化课程结构

课程可以促使学校对课程结构进行优化，打破传统学科之间的界限，形成更加符合学生需求的课程体系。

5. 提升学校的社会声誉

强调课程协同育人，通过整合多个学科的知识和技能，为学生提供更加全面和深入的学习体验。这有助于提高学校的教育质量和声誉，使学校更加受到社会的认可和好评。

（二）对课程的思考

1. 教师培训与支持需较强

课程对教师的要求较高，需要他们具备跨学科的知识背景和教学能力。然而，当前教师的培训与支持体系尚不完善，制约了教学与课程的深入开展。因此，学校应加强教师的跨学科培训，提供必要的教学资源和支持，帮助他们提升跨学科教学能力，课程的顺利实施提供保障。

2.评价体系需完善

本课程的评价需要突破传统的以知识记忆为主的评价模式，更加注重学生的综合能力、创新思维和问题解决能力。为此，需要完善评价体系，引入多元评价主体和多样化的评价方法，如项目式评价、过程性评价等，以全面评估学生在学习中的表现和进步。

第六节　地　质　领　域

素养为本的高中生视角下的地区"铁"矿关停新闻化学探秘

北京师范大学密云实验中学　王欣

（学段：高中一年级）

一、活动背景

（一）指导理念

作为北京的生态涵养区，密云区肩负着要守护密云水库这盆净水的重要任务，所以很多重工业已逐步从密云区撤离。我们要坚持贯彻习近平生态文明思想，坚定不移走生态优先、绿色发展之路，切实把生态优势转化为发展优势，努力打造"两山"理论样板区。

巍巍青山怀抱，密云水库宛如明镜嵌在青山绿水间。为了守护首都生态屏障，落实"绿水青山就是金山银山"的发展理念，作为密云税收大户的铁矿最终在2020年年末全部正式关停。高中生如何从化学学科研究视角对此新闻进行剖析？我们通过新闻学与化学知识进行联合探秘，引导学生进行"头脑风暴"，共同通过调研法、文献研究法、实验探究在内的一系列研究方案，应用化学知识解析实际问题，最终形成告家乡朋友书，以及政府报告新闻之我见等新闻稿，以一个普通高中生身份作为新媒体人身份对家长建设提出自己的建设意见。

（二）学校文化

北京师范大学密云实验中学作为密云区的艺体特色发展校，近年来一直坚持"一体两翼"多样化办学特色课程建设项目，其中以艺术+、科技+、体育+三维主体的"项目式"课程课堂构建也逐渐开始有了雏形。

（三）资源特色

新闻学的中心议题是"客观社会的诸条件对人类新闻活动的决定、支配作用以及新闻活动对社会的反作用"。新闻学有广义和狭义之分，在这里只提狭义的一部分。学生通过新闻了解身边的实事，用所学知识进行客观科学的分析并讲解给身边的人来听，同时能应用所学尝试简单易懂的语言进行建言献策、答疑解惑。

本设计以密云铁矿关停新闻为情景，应用化学知识揭秘铁矿关停与生态涵养区的关系，进而激发学生爱家乡的情感，同时应用所学知识建设家乡造福家乡的情怀。

"铁"作为中学阶段在教材中正式出现的副族元素，具有其典型的元素化合物知识特征。与钠和氯这两种典型的主族元素一样，教师既可以为已经学过的理论知识补充感性认识材料，引导学生有机会运用已学的理论知识指导元素化合物的学习，从而对理论知识有进一步的理解和应用；又可以为下一单元将要介绍的物质结构、元素周期律以及后续学习的化学反应与能量等理论知识打下重要的基础。本单元内容不仅可以帮助学生进一步掌握一些学习化学的基本方法，还能使学生认识化学在促进社会发展、改善人类的生活条件等方面所起到的重要作用。

"铁"还是课程标准要求学习的典型金属元素之一。因此，对于这一重要的金属及其化合物知识，教材单独安排了一节内容。教材引导学生在复习、拓展已学知识的基础上，从氧化还原反应和离子反应的视角，提升对铁及其化合物知识的认识，强化铁元素不同价态间的转化关系，发展"宏观辨识与微观探析"的学科核心素养；教材还关注学生的探究活动和实践活动，运用来自生产和生活的素材创设真实情境，发展学生解决真实问题的能力。

铁合金是重要的金属材料。鉴于金属材料在国民经济中的重要地位和日常生活中的广泛应用，能反映化学与生产、生活实际的联系，使得学生了解金属材料的重要作用和面临的挑战，以激发学生的爱国热情和社会责任感。

（四）品牌传承

作为传统理科的化学，是不是就只能走科技＋的课程构建呢？本单元铁及其化合物的学习是很明显的以科学探究认识物质为核心。很少会有人将化学物质与艺术相结合。因此，想通过化学知识与新闻学的融合，引导学生体会作为传媒课程中的新闻学不只是一门艺术类型学科，需要多方面的知识构建，尤其是有着科学严谨的理性思维的人才对新闻学来说，有着独特的存在价值。所以，对于未来的传媒人，文理兼修，德、智、体、美、劳全面发展，是当下中国职业人需要的基本素养。

二、活动设计

（一）学情分析

1. 已有基础

学生在初中阶段学习过铁单质的一些性质，如物理性质，与氧气、氯气、盐酸、硫酸铜溶液等反应。在铁的化合物中，学生知道了一些铁的氧化物和氢氧化物的性质。本单元运用氧化还原反应原理，重点验证密云铁矿石的两种主要氧化物成分，并通过铁三角之间的转化关系进行实验探究。

2. 发展方向

高一新生因初中选修中部分学生在初二通过选科考察后，又未深入学习化学基础知识，所以前期学生应用化学符号书写比较困难，且对于离子反应、氧化还原反应等微观概念理解存在障碍。而在真实、生动、有意义的情境中学习铁及其化合物的具体性质，可以将微观概念在实验中有具象体会。

3. 局限认识

铁及其化合物广泛存在并应用于生产和生活实际，从中发现有助于学生学习、贴近教学实际的素材，如"高中生视角下的密云铁矿关停"，从新闻入手，应用学习到的化学知识，为身边的密云老百姓解释原因，并形成建议书。知识变成可实际应用有意义的事情，学生可从中体会密云作为生态涵养区，从政府到老百姓做出的牺牲和努力，并因此产生爱家乡的情感。

（二）活动目标

（1）了解铁元素在自然界中的存在形态及其与人体健康的关系，体会化学对人类生活的重要意义；从我国古代应用铁的化学史感受中华民族在科技发展过程中的贡献，增强文化自信。

（2）能用氧化还原反应原理进一步认识铁的化学性质，基于实验事实写出铁三角转化的反应方程式，并用于解释生产中简单的化学问题，培养安全意识。

（3）通过实验探究铁的氧化物、铁盐、亚铁盐的化学性质，能用化学方程式或离子方程式正确表示；体会实验对认识和研究物质性质的重要作用，形成证据意识。

（4）通过学习铁及其化合物，学会从物质类别和元素价态的视角认识具有变价元素物质间的转化关系，并建立认识模型，丰富研究物质的思路和方法。

（5）结合应用实例，将铁及其化合物性质的知识运用于解决生产、生活中简单的化学问题，强化性质决定用途的观念。

（6）应用所学知识，从政治、经济、文化、环保等角度分析家乡群众关心的热点新闻问题，并正面解读宣传相关政策，作为新时代青年人要担负起政府与身边普通老百姓之间的沟通桥梁，坚持"绿水青山就是金山银山"的理念。

（三）活动重难点

1. 活动重点

铁盐与亚铁盐的转化、Fe^{3+}的检验。

2. 活动难点

Fe、Fe^{2+}、Fe^{3+}的转化关系模型的构建。

（四）活动准备

（1）阅读密云铁矿关停的新闻，实地采风了解群众关心热点问题。

（2）做现场采访，查阅搜索相关文献与新闻报道。

（3）用现在所学化学知识尝试解读新闻。

（五）活动过程

1. 密云铁矿成分探析

（1）学生查阅文献，综合运用化学知识理解实际社会问题，如密云地区铁矿主要有哪些成分等，引导学生通过身边热点新闻问题入手，用化学知识分析生活问题的能力。

（2）分组实验，对现有两种铁矿样本进行检验；根据提供的药品，设计实验对两种成分进行检验，完成实验报告，根据实验结论进行阐述；培养学生的分析观察能力，并在应用中提升迁移能力，能够快速抓住物质分析核心方法进行实验探究设计。

2. 铁矿石冶炼中的危害——酸化

根据铁矿成分验证中酸化一步，进行铁矿在冶炼中的化学提取分析，并就其对生态环境危害进行分析；引导学生结合宏观与微观因素，基于实验证据逆向推理对社会热点问题进行科学深层分析。

3. 如何治理酸化后的生态

依据现有的化学知识，对酸化后的生态环境提出治理建议；培养学生科学探究与创新意识，能够应用所学化学知识，对社会热点问题提出解决办法。

4. 给区政建言献策，为群众答疑解惑

应用已有知识反馈现实问题，并将所学内容正确运用到实际问题解决中，形成一份解析清楚明了的建言献策书，能科学合理的帮助身边人真正理解政府为维护生态环境背后的原因；培养学生对待生活的科学态度，树立他们可持续的生态涵养绿色理念，并能正确运用化学知识对社会热点问题进行正确价值判断。

三、活动反思

应用"高中生视角下的密云铁矿关停新闻化学探秘"这一主题，在逐步剖析新闻中的化学知识后，深入理解建设生态涵养区的过程中，我们作为密云人必须要承担的责任。教师应潜移默化进行课程思政，而不是简单的灌输与口号。

此外，还需创设真实有意义的情境，应用智笔技术进行前置学习，了解学生的学习情况。将理论知识融入真实问题当中，突破了知识难点及学生的认知障碍点。本活动在真实、生动、有意义的情境中学习铁及其化合物的具体性质，可以将微观概念在实验中有具象体会。

本活动不仅注重学科本身知识的落实，更能让学生体会到学习的重要意义，能应用所学知识合理认识、分析、解决身边的真实问题。将课程思政润物无声的融入课堂当中，通过具体实例来入脑入心的体会。铁及其化合物广泛存在并应用于生产和生活实际，从中发现有助于学生学习、贴近教学实际的素材，如本活动"高中生视角下的密云铁矿关停"，从新闻入手，应用学习到的化学知识，为身边的密云老百姓解释原因，并形成建议书，知识变成可实际应用有意义的事情，学生从中体会密云作为生态涵养区，从政府到老百姓做出的牺牲和努力，从而产生爱家乡的情感。

本活动也在积极探索和体现跨学科教学思想，积极为学生的职业生涯规划进行铺垫，课堂中涉及关于传媒的相关内容，初步让学生接触了解到传媒人所需要的能力和责任，树立正确的人生观和价值观，彰显了学校的艺体特色发展。

"奇石妙想"主题课程

大城子学校 王海红

（学段：初中阶段）

一、活动背景

（一）指导思想

子母石作为自然界中的一种独特奇石，其独特的形态和形成过程蕴含了丰富的自然科学知识和美学价值。通过探索子母石，我们可以深入了解这种奇石的神秘面纱，同时激发对自然的好奇心和探索欲望。

探索子母石主题课程的指导思想是结合地质学、自然科学及环境教育，通过引导初中生观察和探索子母石的形成、特征及其在自然环境中的作用，培养初中生对自然科学的兴趣、探索精神和实践能力。同时，课程中还强调培养初中生的环保意识，从而让他们认识到自然环境与人类活动的密切关系，从而激发他们保护环境的责任感。

（二）学校文化

学校文化强调尊重自然、热爱科学、勇于探索。在探索子母石主题课程中，学校鼓励初中生走出教室，亲近自然，通过实地观察、动手实验等方式，深入了解子母石的地质背景、形成过程及科学价值。此外，学校还注重培养初中生的团队协作精神，让他们在合作中共同成长。

（三）资源特色

1. 地质资源

学校所在地拥有丰富的地质资源，特别是子母石这一独特的地质现象。通过这些资源的开发，学校可以为学生提供丰富的实地观察和实验机会，让他们在实践中学习自然科学知识。

2. 教育资源

学校拥有专业的教师团队和完善的教育设施，可以为探索子母石主题课程提供有力支持。教师团队具备丰富的地质学知识和教学经验，能够引导初中生深入了解子母石的地质背景和科学价值。

（四）品牌传承

学校通过探索子母石主题课程，传承自然科学精神，让初中生在观察、实验和探索中培养科学兴趣和实践能力。这种精神将伴随学生的成长过程，影响他们未来的学习和生活。

（五）现状与挑战

目前，关于子母石主题的探索活动在教育领域和科研领域都有所涉及，但仍面临一些挑战。首先，子母石的分布范围有限，需要寻找合适的采集地点和样本；其次，对于子母石的形成过程和特征等方面的研究还不够深入，需要加强相关学科领域的交叉合作和深入研究；最后，如何将子母石主题探索活动与教育实践相结合，提高活动的趣味性和互动性，也是当前需要解决的问题之一。

二、活动设计

（一）学情分析

1. 学生年龄与心理特征

初中学生大部分处于12～15岁的年龄阶段，正处于青春期的起始和快速发展阶段。从心理学角度来看，他们通常会表现出活泼好动、思维活跃的特点，对新生事物好奇心强，有强烈的求知欲和上进心。这种心理特征使得他们对探索子母石这样的自然地质现象具有浓厚的兴趣。

2. 学习水平和能力状况

初中生已经具备了一定的基本学科知识和学习方法，能够运用所学知识去分析、解决一些实际问题。在探索子母石主题课程中，他们可以通过实地观察、实验操作等方式，深入了解子母石的形成、特征及其在自然环境中的作用，从而进一步培养他们的观察力和科学思维能力。

然而，教师也需要注意到，部分初中学生可能由于学习态度不端正、意志薄弱等原因，导致他们基础较差，学习能力不强。对于这部分学生，教师应有针对性地进行引导和帮助，让他们能够在课程中积极参与、主动学习。

3. 学习策略与情感态度

进入初中阶段后，学生的学习压力逐渐增大，可能会对某些学科产生厌学情绪。然而，探索子母石主题课程具有较强的趣味性和实践性，能够激发学生的学习兴趣和热情。通过实地探索、团队合作等方式，学生可以更加深入地了解自然地质现象，培养他们的科学兴趣和探索精神。

同时，教师在课程中也应注重培养学生的情感态度和价值观。通过引导学生了解自然环境与人类活动的密切关系，培养他们的环保意识和社会责任感。

（二）活动目标

1. 知识与技能目标

学生能够了解子母石的基本概念、特征和形成过程，掌握相关的自然科学知识；学生能够掌握基本的观察和描述方法，学习如何识别和分类不同类型的子母石；培养学生利用互联网和图书资料等渠道进行自主学习和探究的能力。

2. 过程与方法目标

通过实地采集、观察和实验活动，培养学生观察、分析和解决问题的能力；引导学生通过小组合作和互动交流的方式，学习分享和合作，培养团队精神和沟通能力；鼓励学生运用多种艺术形式（如绘画、手工制作等）来表达对子母石的理解和感受，培养创造力和想象力。

3. 情感态度与价值观目标

激发学生对自然科学的好奇心和探索欲，培养对自然界的热爱和敬畏之情；通过了解子母石的文化内涵和历史价值，培养学生的民族自豪感和文化认同感；培养学生的动手能力和实践能力，让他们在实践中体验学习的乐趣和成就感。

4. 跨学科整合目标

引导学生将子母石主题与其他学科（如语文、数学、艺术等）进行整合，培养跨学科的学习能力和综合素养；通过子母石主题课程的学习，促进学生对地球科学、地质学、矿物学等相关学科领域的兴趣和发展。

5. 实践与创新目标

鼓励学生进行实践探索和创新设计，如设计子母石相关的科学实验、艺术创作或科技产品等；培养学生的创新精神和创业意识，为他们未来的职业发展和社会适应能力打下基础。

（三）活动重难点

1. 活动重点

实地观察子母石并记录其特点和形成过程。

2. 活动难点

准确记录和分析子母石的特点和形成过程。

（四）活动内容

子母石是大自然亿万年的杰作，具有独特的地质成因和特征。本课程将通过实地考察、课堂讲解、小组讨论、资料收集、动手实践等多种形式，让学生深入了解子母石的形成过程、分类、特点及其在自然界和人类社会中的作用，从而培养学生的科学素养和实践能力。

（五）活动准备

（1）确定实地考察的子母石分布区，并与相关管理部门沟通好考察事宜。

（2）准备实地考察所需的工具，如地质锤、放大镜、卷尺、记录本、相机等。

（3）提前让学生了解实地考察的注意事项和安全规范。

（六）课程实施建议

（1）实地考察时应选择安全、具有代表性的子母石分布区。

（2）教学过程中应注重培养学生的观察力和分析能力，鼓励学生自主提出问题和探索答案。

（3）分组讨论时应注重学生的参与度和合作精神的培养。

（4）动手实践环节应提供足够的材料和指导，确保学生能够顺利完成实验任务。

三、活动过程

（一）导入新课

（1）回顾上节课内容，简要介绍子母石的地质成因、分类及特点。
（2）强调实地考察的重要性，激发学生的好奇心和探索欲。

（二）介绍实地考察安排

（1）介绍实地考察的地点、时间和路线。
（2）讲解实地考察的注意事项和安全规范，确保学生的人身安全。
（3）分配小组，并指定小组长和记录员。

（三）实地考察

（1）带领学生前往子母石分布区，沿途介绍当地的地质背景和子母石的分布情况。
（2）到达目的地后，指导学生分组观察不同类型的子母石。
（3）使用地质锤轻轻敲击石头，观察其声音和硬度。
（4）使用放大镜观察石头的纹理、颜色和内部结构。
（5）记录每块子母石的特点，如大小、形状、颜色、纹理等。
（6）指导学生分析子母石的形成过程，并结合地质背景进行解释。

（四）小组讨论与分享

（1）分组讨论各自观察到的子母石特点和形成过程。
（2）每组选派一名代表分享讨论成果，其他组进行补充和提问。
（3）教师总结并点评学生的观察和分析结果。

（五）课堂小结

（1）总结实地考察的主要收获和发现。
（2）强调观察和分析子母石在地质学中的重要性。

（六）作业布置

（1）要求学生根据实地考察的记录和分析，完成关于子母石的任务单。
（2）鼓励学生将拍摄的子母石照片整理成相册，并附上简要的文字说明。

四、活动反思

（一）教学亮点

1. 实践探究

本节课注重实践探究，让学生们通过观察和实验来深入了解子母石的特点和形成原理。这种教学方式不仅激发了孩子们的学习兴趣，还培养了他们的观察力和实践能力。

2. 小组合作

通过小组合作的方式，学生们学会了与他人合作、分享和交流。他们在完成任务的过程中互相学习、互相帮助，增强了团队意识和协作能力。

3. 启发思考

在教学过程中，我注重启发学生们的思考。当学生们遇到问题时，我会引导他们自己寻找答案，而不是直接告诉他们答案。这种方式培养了学生们的独立思考能力和解决问题的能力。

（二）存在问题

尽管课程实施效果良好，但仍存在一些问题。首先，部分学生对子母石的地质背景和文化内涵了解不够深入，导致在分析和讨论时缺乏深度；其次，由于课程时间有限，部分实践活动未能充分展开，影响了学生的体验效果。

（三）改进建议

针对以上问题，我们提出以下改进建议。首先，应加强学生对子母石地质背景和文化内涵的介绍和讲解，通过视频、图片等多种形式帮助学生建立知识体系；其次，合理安排课程时间，确保各项实践活动能够充分展开，提高学生的体验效果。

本 章 小 结

北京市密云区各学校充分利用密云区的自然生态资源，开展了形式多样的教育活动，以上案例涵盖了植物、动物、河流、山体等多种自然资源。从小学阶段开始，学校便设立了系列基础课程，旨在让学生们初步了解自然生态的基本知识和重要性。这些课程通过生动有趣的教学方式，引导学生们观察植物的生长过程、动物的习性以及河流和山体的自然形态，让他们在实践中感受自然的魅力。

随着课程的深入，学校还开设了拓展课程和特色课程，以进一步培养青少年的生态价值观。在拓展课程中，学生们可以参与实地考察、野外露营、生态修复等实践活动，通过亲身体验，深入了解自然生态的复杂性和脆弱性。这些活动不仅让学生们更加珍惜自然资源，还激发了他们保护环境的责任感和使命感。特色课程则更加注重培养学生的创新能力和实践能力。例如，一些学校组织学生进行植物种植实验、动物保护项目设计等活动，让他们在实践中探索生态保护的新方法、新途径。这些活动不仅拓宽了学生的视野，还为他们提供了展示才华的舞台，让他们在生态环保的道路上不断前行。

通过这些形式多样的自然生态教育活动，密云区的青少年们逐渐形成了生态环保的意识，并培育出了坚定的生态价值观。他们深知自然资源的珍贵和脆弱，愿意为保护地球家园贡献自己的力量，这些青少年们将成为推动社会可持续发展的中坚力量。

第三章 经济产业篇

本章将聚焦于密云区在经济产业领域所开展的一系列成果案例。这些案例不仅充分展示了密云区独特的资源优势，如优质的果蔬种植、充满活力的林下经济、独具魅力的人文旅游以及源远流长的传统文化，还通过精心策划的多样化活动形式，为学生提供了了解环保观念与经济产业发展相结合的平台。

第一节 林下经济领域

关于利用大城子农村林下闲置空地栽培木耳的探究活动

北京市密云区大城子学校 朱秀荣

（学段：小学六年级）

一、活动背景

（一）指导理念

以绿色发展为核心，倡导人与自然和谐共生的生活方式十分注重培养人们的环保意识、节约意识、生态道德，倡导通过教育引导人们树立尊重自然、顺应自然、保护自然的生态文明理念，形成健康、文明、绿色的生活方式和消费模式，共同建设美丽中国。

（二）学校文化

北京市密云区大城子学校深入践行绿色发展理念，落实立德树人根本任务，以"万物近人，生态大成"为使命，师生遵循"得大兼小，有成芬芳"的理念，培养有"大德、大智、大毅、大美、大行"的大成学子，助力美丽中国的建设。

（三）资源特色

在大城子镇苍术会村，村子最出名的就是"赤松茸"，苍术会村过去以板栗种植为主，经济效益不高。在密云区农业部门的支持下，村里依托板栗林下大量闲置空地优势，自2018年种起林下木耳，并于2022年引入赤松茸种植。

昔日闲置的土地蜕变为村民增收的良田，苍术会村"借绿生金"，因地制宜发展林下食用菌产业，填补了栗树生长的"空白期"，进一步盘活了土地资源，提升了种植综合效益，促进了农民多途径增收。

（四）品牌传承及思考

然而大城子镇还有 20 多个村子，有许多栗子树等林果资源，那么他们开发利用状况如何？对林下闲置空地栽培木耳有什么意见？有哪些先进的工艺管理，能否为农民增收致富多条新路呢？带着疑问，科技社团学生通过查阅资料、调查问卷、实地采访等方式开展了科学探究活动。

二、活动设计

（一）学情分析

该案例适用于小学六年级，最好是身边有地窖的农村学生参与到本活动之中。本案例选取的是大城子学校六（1）班科技社团学生，他们生活在大城子农村，对这种新型的农产业有所耳闻。学生有基本的科学研究的技能和方法，并愿意主动参与该项目的调查研究活动。

（二）活动目标

（1）了解"林下经济"知识让村民致富的情况，学习充分利用林下资源大力发展食用菌产业，提高林地经济效益，拓宽群众增收渠道。

（2）通过闲置土地蜕变为村民增收的良田，"借绿生金"，因地制宜、盘活土地资源，提升种植综合效益，促进农民多途径增收。

（3）引导学生树立尊重自然、顺应自然、保护自然的生态文明理念，培养他们科学探究的兴趣、科学严谨的态度、持之以恒的科学精神。

（三）活动重难点

1. 活动重点
"林下经济"知识让村民致富的情况。
2. 活动难点
如何因地制宜地将闲置土地蜕变为村民增收的良田，生态文明思想如何体现？

（四）研究内容

（1）"林下经济"知识让村民致富的情况。
（2）闲置土地蜕变为村民增收的良田。

（五）研究方法

文献研究、走访调查、问卷调查、实地考察等。

（六）活动准备

（1）前期调研组建小队。

(2)集体研讨撰写研究方案制订研究计划。

(3)明确小组分工合作职责。

(七)活动过程

(1)组建小队:成立调查小队,确定组长负责制定方案、统筹活动。

(2)进度安排、撰写报告;组员负责调查采访、查阅资料、现场记录、统计分析、整理照片等。

(3)查阅资料:利用社团或课余时间到图书室、档案室、镇政府、信息教室上网查阅成功案例。

(4)制定方案:在教师的指导下,根据查阅的资料以及现状制定研究方案,制定活动目标、进度、预期成果等。

(5)调查问卷、统计分析:在教师指导下,制定调查问卷(政府、村队、农民),并发放问卷、回收、统计分析。

(6)走访调查:根据实际情况,分别走进大城子镇政府、部分村队了解情况,相关政策落实情况;走进农村采访农民,了解关注度。

(7)实地考察:在教师的带领下到大城子村实地考察并填写记录单。

(8)撰写报告:按照要求撰写调查报告并提交。

(八)研究结果与收获

1. 木耳的生产工艺

在林下进行毛木耳出菇管理的生产工艺,选择四周无污染,排水方便的三年以上树龄的林下作为栽培场地;每两棵树间搭建一条水平竹竿,竹竿离地15cm左右,两端用绳子分别固定在两棵树上;当菌袋已布满洁白的菌丝时,要及时移入林下进行开口出耳;将开好口的菌袋树立依靠在搭好的水平竹竿上,排放整齐,每袋之间保持10cm左右的距离;用草苫覆盖排好的菌袋上,加大草苫湿度,保持空间的相对湿度在80%~85%,并保持"三分阴七分阳"的散射光,促进原基分化,充分利用了闲置的林地资源。

在林地进行黑木耳种植与栽培,发挥林地的作用的同时,也要促使黑木耳与林地的共同生长。降低黑木耳的种植成本,充分利用了闲置的林地资源,促使地方经济的循环发展。

2. 增加村民收入

以产业增效、农民增收为重点,充分利用冬季闲田,鼓励、带动各村集体经济发展"短、平、快"的黑木耳特色种植产业,力争把"黑木耳"打造成"金产业",为村集体经济添活力,让更多村民增加收入。

3. 促进乡村产业振兴

"小木耳"做成"大产业",通过统一供应菌棒、统一技术管理、统一保价收购的方式,利用稻田秋冬闲季节进行"稻+黑木耳"轮作模式、"果园+黑木耳"和"松树林+黑木耳"林下套种模式等发展黑木耳产业,带动村民走乡村振兴产业致富路。

4. 成功案例

苍术会村有大量的栗子树，栗子树喜光，耐旱耐寒，能在空气干燥而土壤较为潮湿的环境下生长。2018年，在密云区农业农村局和镇政府的大力支持下，苍术会村依托地域优势，结合林下空地大量闲置的特点开始实验性的种植林下木耳。独特的地理位置，和穿流而过的清水河，更是为林下木耳种植提供了优质、丰富的水资源。

2018年，苍术会村种植林下木耳20亩，当年产量为7000kg，销售收入70万元。2021年，全村木耳总产量达到200000kg，产值达200万元，户均增收3万余元。

经过多年的经验累积，苍术会村培养出自己的林下木耳种植技术能手，木耳产业的质量明显提高，有效壮大了集体经济，带动村民增收。

（九）研究结论

1. 依托地势优势，结合林下空地大量闲置的特点开始实验性的种植林下木耳

大城子镇随处可见大片的林地：栗子树、核桃树、红肖梨、苹果等，果树下进本没有什么作物，造成了大量闲置的空间。每个村子几乎都有大量的栗子树，栗子树喜光，耐旱耐寒，能在空气干燥而土壤较为潮湿的环境下生长。栗子成熟、采摘期为每年9月，林下木耳种植到采摘的时间为3—7月，二者不仅相安无碍，还能节省耕地、提高林地使用效率，从而增加林产品有效供给。

2. 产销专业合作社大力发展林下经济，提高果品质量，拓展药材种植产业

黑木耳可露地种植，其特点是生长周期短、储存时间长、效益好，被称为名副其实的"金耳朵"。黑木耳种植已经为大城子镇脱低的金牌产业，闲置的林下土地都摆上了菌棒，增收致富有保障。在此基础上依托锥峰山药材资源，拓展药材种植产业。

3. 通过集体经济发展壮大，生态"生金"，助力乡村振兴

树上树下相结合，每样的产量互不影响。板栗树一般到9月开始丰收，菌类种植一般从4月到7月中旬。树上有收入，树下有收成，在这个同时带动老百姓就业，助力乡村振兴。

三、活动反思

近年来，密云区把乡村振兴和实施美丽乡村建设结合起来，为全市乃至全国在兼顾生态和绿色发展的前提下，达到增收富民的目的，进而实现乡村振兴，探索了一条成功的路子。党的二十大报告在肯定过去态文明制度体系更加健全"绿色、循环、低碳发展迈出坚实步伐，生态环境保护发生历史性、转折性、全局性变化"的同时，也明确提出了生态环境保护任务依然艰巨。

（一）成功之处

（1）本案例结合了乡村振兴中美丽中国建设，贯彻习近平生态文明思想，充分挖掘利用在地资源，与绿色、低碳、绿色农业、绿色经济相结合。

（2）充分发挥学生的主体地位，通过学生实践、探究，培养核心素养，关心身边的

环境，让"绿水青山就是金山银山的理念早早植根于孩子们心中"。

（3）选题新颖，具有浓郁的地方特色和地域性，符合乡村振兴战略。

（二）不足之处

本活动如果能更深入基层，到田间地头走一走，到农民的地里多了解情况，案例本身会更有感触和生活味，学生也会收获更多。

"参与劳动实践传承祖国中医药文化"主题实践活动

北京市密云区大城子学校　雷福云

（学段：小学四年级至六年级）

一、活动背景

（一）指导理念

以绿色发展为核心，倡导人与自然和谐共生的生活方式。通过教育引导人们树立尊重自然、顺应自然、保护自然的生态文明理念，形成健康、文明、绿色的生活方式和消费模式，共同建设美丽中国。

（二）学校文化

北京市密云区大城子学校深入践行绿色发展理念，落实立德树人根本任务，以"万物近人，生态大成"为使命，师生遵循"得大兼小，有成芬芳"的理念，培养有"大德、大智、大毅、大美、大行"的大成学子，助力美丽中国建设。

目前，学校荣获全国十佳科技创新学校、全国科学教育实验校、全国生态文明特色学校等十余项国家市区级荣誉。20多年来，我校持续开展"我与药材共成长""小小中医药代言人"等科技实践活动几十项，编辑出版《神奇百草园—药用植物探秘》《认识身边的植物》等科普读物、校本教材十余本……

（三）资源优势

社会大课堂资源单位——北京济世恩康中草药种植中心

中草药种植中心为社会大课堂资源单位，建有"中医药文化体验厅""中草药种植园"等，供学生开展参观、体验等活动。

（四）文化传承

本草，中药的统称。始见于《汉书·郊祀志》："方士、使者、副佐。本草待诏，七十余人皆归家。"本活动中的本草是指"中药"。源是指"文化"。

学校"中医药文化"氛围比较浓厚，具有一定的基础。那么如何挖掘中医药文化内涵和时代价值，发挥其作为中华文明宝库"钥匙"的传导功能，使学生增强民族自信与文化自信？带着这些问题，开展本次主题实践活动。

二、活动设计

(一) 学情分析

本次活动面向小学四年级至六年级的学生,他们都是大城子本地的学生,有着浓厚的爱家乡情怀,并参与了科技调查体验以及"中医药"主题系列活动,具有一定知识、情感基础。

(二) 活动目标

中医药学是中国古代科学的瑰宝,是打开中华文明的钥匙,让孩子们早些接触这把钥匙,培养对中医药文化的兴趣,是我们义不容辞的责任。

1. 思想品德

通过体验中医药文化、木艺农耕劳动等活动课程,使学生感受到成功的快乐,传承祖国中医药文化,感悟祖国的伟大,激发学生民族自豪感和爱国情感。

2. 科学素养

使学生了解劳动技能技巧,锻炼学生的手眼协调能力,提升孩子观察感知物体的特征能力。

3. 实践能力

通过观察、动手实践、小组合作等方式,培养学生合作意识,动手能力和手眼协调能力,提升学生传承祖国中医药文化以及热爱劳动的朴素情感,进一步培养学他们的综合素质和实践能力。

(三) 活动重难点与创新点

1. 活动重点

通过参与中医药文化系列课程以及生态园劳动课程,使学生感受到不断尝试、努力来发现和体验成功的快乐,感悟祖国中医药文化的博大精深,激发学生民族自豪感和爱国情感。

2. 活动难点

中医药文化、文化自信的渗透。

3. 活动创新点

科技赋能劳动教育。

(四) 研究方法

文献研究法、调查研究法、实地考察法、专家访谈法。

(五) 活动准备

(1) 前期调研组建小队。
(2) 集体研讨撰写研究方案制订研究计划。

（3）明确小组分工合作职责。

（六）活动过程

1. 打开中华文明宝库·中医药发展史

（1）中医药文化发展史：通过讲解中医药发展史，让学生知道中医药学是打开中华文明宝库的钥匙。

（2）"人体针灸铜人"互动：通过触动人体针灸铜人设备的穴位联动视频讲解，让学生了解针灸是祖国医学遗产的一部分。

（3）"小小国医"游戏：通过玩小小国医设备游戏，了解中医方剂学。

（4）传统中药加工工艺：通过动手操作传统中药加工工具，感受中国五千年劳动人民的聪明智慧。

2. 走进生活·认识本草植物园

（1）讲解神农尝百草口遇七十毒的历史典故。通过历史典故，引导学生对药植产生兴趣；通过看、闻、触摸、品尝等方式了解常见的药用植物；在学生观看当中，教师实物举例有毒植物药材，可食植物药材的特点，让学生掌握一些野外生存技能，能够掌握在今后日常生活中遇到特殊事件时自救的方法本领。

（2）让学生参观药用种植园，讲解在生活中常见药用植物的功能内容。

3. 中药魅力之调配健康·传统中药铺

（1）参观讲解中药铺，中药展品。结合中医药传统药铺的实景、实物、中药材标本等，让学生了解中医药文化博大精深的历史传承知识。

（2）动手制作香囊，让学生亲身感受中药传统治病养生的方法，通过学生动手制作中药丸，让学生亲身感受中医药传统治病，防病的方法。制作香囊。

4. 深耕华夏土地，播种中药希望·本草种植

（1）介绍中国中药材种植的历史。"本草种植园"内，教师先介绍一下中国中药材植物种植的历史和我国发展中药材种植的必要性。

（2）让学生体验中药栽培的基本要领。教师带领学生体验种植一盆自己喜欢的中药材带回家养护。

5. 史海同泛舟，品读中医药·本草书吧

（1）中医药文化宣传片。通过观看中医药文化宣传视频，让学生了解祖国中医药文化。

（2）讲解中医药著作。教师讲解一、二本中医药著作，对世界人民生活起到的作用。

（3）学生进入"本草书吧"学生到书架选择一本中医药书籍，进行品读。

6. 中国养生文化·本草生活

（1）中医药文化养生宣传片。观看中医药文化养生宣传片，了解中医药文化。

（2）药食同源膳食文化。体验药食同源设备知药膳养生文化。

（3）药食同源养生茶文化。品尝本草养生茶，知道"上工治未病"的道理。

（4）参观药食同源药材。参观药食同源药材，知道本草防病治病的功效。

（5）体验"本草纲目"互动设备。翻本草纲目设备，了解这部具有世界性影响的著作。

科学性是最基本的要求,要把中医药文化之所以成为瑰宝的道理讲清楚。趣味性既要让学生们喜欢听、喜欢看、喜欢动手体验,产生兴趣。实用性要给孩子们提供对身心健康有益的知识。

三、活动反思

2023年中央一号文件提出全面推进乡村振兴重点工作的意见,《中医药发展战略规划纲要(2026—2030年)》《中共中央 国务院关于促进中医药传承创新发展的意见》等相关文件,就是要实施中医药文化传播行动,把中医药文化贯穿国民教育始终,中小学进一步丰富中医药文化教育。

(一)成功之处

(1)本活动案例契合生态文明理念。通过本次活动,能够使"绿水青山就是金山银山"的理念早早植根于孩子们心灵,把孩子们培养成德才兼备的人。在将来能为家乡中医药文化宣传,为乡村振兴做出自己的一份贡献。

(2)活动通过课程方式开展,学科融合,凸显生态文明教育与核心素养的整合。本活动层次逻辑清晰,逐步推进,通过主题鲜明、特色突出、亲身实践的活动来教育引导学生,树立生态文明思想,将这种理念植根于心灵。

(3)本活动非常巧妙地利用在地资源和社会资源,实现科学教育、生态文明教育的社会融合。

(二)不足之处

活动在科学的评价工具和评价方式上没有标准化的评价量表,在后续的活动中将继续精进评价方式。

第二节 人文旅游领域

生态文明推动旅游经济可持续发展

溪翁庄镇中心小学 许乐
(学段:小学四年级至六年级)

一、活动背景

密云区是首都的水源保护地,绿水青山就是金山银山,发展特色生态旅游,不仅能保护生态还能促进经济的发展。司马台长城作为中华民族宝贵的历史文化遗产,其所在的燕山山脉生态环境得天独厚,展现着丰富的生物多样性。这片山脉的植被繁茂,覆盖着茂密的森林和丰富的草本植物,为众多珍稀动植物提供了理想的栖息地。长城沿线各类珍稀植物与野生动物和谐共生,共同构建了这一地区独特的自然生态景观。

二、活动设计

（一）学情分析

本次活动的参与者为小学四年级至六年级的学生，他们对历史文化、建筑艺术和生态环境有着浓厚的兴趣，但缺乏深入的了解和系统的认识。通过本次活动，旨在激发学生对司马台长城及其周边环境的探索欲望，培养他们的历史文化素养和环保意识。同时，考虑到学生的年龄特点和认知水平，活动设计将注重趣味性和互动性，从而吸引学生的注意力，提高他们的参与度。

（二）活动目标

1. 知识与技能目标

使学生了解司马台长城的地理位置、历史沿革、建筑风格与文化遗产，以及生态环境现状及保护意义；掌握旅游开发历程及现状，理解旅游生态文明建设的核心理念。

2. 过程与方法目标

通过实地考察、小组讨论、资料收集与分析等方法，培养学生的观察、思考、合作与交流能力。

3. 情感态度与价值观目标

激发学生对中国传统文化的热爱与自豪感，培养环保意识和社会责任感，促进人与自然和谐共生的观念形成。

（三）活动重难点

1. 活动重点

让学生深入了解司马台长城的历史沿革、建筑风格与文化遗产，认识其生态环境现状及保护意义，理解旅游生态文明建设的核心理念与实践。

2. 活动难点

探索如何以生动有趣的方式呈现复杂的历史文化知识，使学生易于理解和接受；在实地考察中指导学生观察、思考并提出针对性问题，并致力于培养学生的环保意识，鼓励他们将环保理念转化为实际行动。

（四）研究方法

文献研究法、实地考察法、小组讨论法、案例分析法等。

（五）活动准备

1. 物资准备

实地考察所需的交通工具、安全设备、记录工具（如相机、笔记本电脑等）。

2. 知识准备

收集并整理司马台长城及其周边环境的背景资料。

3. 人员准备

邀请历史、建筑等领域的专家或教师作为指导老师。

4. 场地准备

确定实地考察的路线和地点以及小组讨论和分享会的场地。

（六）活动过程

1. 导入阶段

简要介绍司马台长城的历史背景和文化价值，激发学生的学习兴趣。强调活动目的和注意事项，确保学生明确活动要求。

2. 实地考察阶段

组织学生前往司马台长城进行实地考察，引导学生观察其建筑风格、生态环境及旅游设施。邀请专家进行现场讲解，解答学生的疑问。学生分组进行记录，拍摄照片或视频，收集第一手资料。

3. 小组讨论阶段

引导学生分析司马台长城的生态环境现状及保护意义，以及旅游开发对当地经济和社会的影响。学生分组讨论实地考察的收获和感受，分享各自的观点和见解。小组讨论旅游生态文明建设的核心理念与实践，提出自己的见解和建议。

4. 分享与总结阶段

各小组派代表进行分享，展示实地考察和小组讨论的成果；邀请专家进行总结点评，肯定学生的努力和成果，提出改进建议；强调环保意识的重要性，鼓励学生将环保理念付诸实践，为司马台长城及其周边环境的保护贡献自己的力量。

5. 后续行动阶段

组织学生参与相关的环保活动，如植树造林、垃圾分类等，将环保理念转化为实际行动；建立学生环保志愿者团队，定期开展环保宣传和教育活动，推动校园和社区的环保工作；鼓励学生持续关注司马台长城及其周边环境的动态，为旅游生态文明建设的持续发展贡献智慧和力量。

三、活动反思

（一）活动优点

1. 学情分析精准

活动充分考虑了学生的兴趣和认知水平，注重趣味性和互动性，有效吸引了学生的注意力，提高了他们的参与度。

2. 目标明确且全面

知识与技能、过程与方法、情感态度与价值观三维目标设定清晰，既涵盖了历史文化、建筑艺术、生态环境等方面的知识，又注重培养学生的观察、思考、合作与交流能力以及环保意识和社会责任感。

3. 重难点把握准确

活动明确了历史文化的生动呈现、实地考察中的引导观察与思考、环保意识的培养等难点，并针对性地设计了相对应的解决方法。

4. 研究方法多样

通过文献研究、实地考察、小组讨论和案例分析等多种方法，全方位、多角度地引导学生深入了解司马台长城及其周边环境。

5. 活动准备充分

物资、人员、场地和宣传等各方面的准备做得较为到位，确保了活动的顺利进行。

6. 活动过程流畅

从导入到实地考察、小组讨论、分享与总结，再到后续行动，整个活动过程安排得紧凑而有序，各个环节衔接自然。

（二）活动不足

1. 时间分配需优化

虽然活动整体流程顺畅，但在某些环节，如实地考察和小组讨论环节的时间分配上可能略显紧张，部分学生未能充分表达自己的观点和见解。

2. 互动环节需加强

虽然活动设计注重互动性，但在实际操作中，部分学生的参与度仍有提升空间，可以进一步增加互动环节，如设置问答题、角色扮演等，以提高学生的参与度。

3. 环保实践环节需加强

虽然活动强调了环保意识的重要性，并鼓励学生将环保理念付诸实践，但在实际操作中，环保实践环节相对较少。未来可以组织更多与环保相关的实践活动，如垃圾分类竞赛、环保主题演讲等，以增强学生的环保意识和实践能力。

综上所述，本次活动在学情分析、目标设定、重难点把握、研究方法、活动准备和活动过程等方面都表现出色，但在时间分配、互动环节和后续行动跟进等方面仍有改进空间。未来可以进一步优化活动设计，提高活动的整体效果。

第三节　果蔬种植领域

培育月季新品种　赋能区域发展

密云区大城子学校　卢艳
（学段：小学五、六年级）

一、活动背景

（一）指导理念

习近平总书记在全国科技创新大会上提出："依靠绿色技术创新破解绿色发展难题，形成人与自然和谐发展新格局。"科学学习要培养学生从人与环境、人与自然和谐发展的生态文明视角看待现代技术的革新。通过参与月季花新品种的培育活动，学生可以学习到植物栽培的知识、提高劳动技能和实践能力，植物科学技术的发展可以推动乡村地区特色农业、生态农业和观光农业等多元化产业的发展，这些新兴产业不仅提高产品的附加值，还能吸引更多的游客前来观光旅游，促进乡村经济的多元化发展。

（二）学校文化与资源特色

北京市密云区大城子学校是全国十佳科技创新学校、全国小平科技创新实验室、全国蒲公英计划基地校、北京市学生金鹏科技团生命科学分团。学校有药材基地、种植基地、劳动基地，学生们动手参与实践、劳动，创造美好的生活。2022年，大城子学校与北京圆网慈善基金会、央美、北京农学院园林学院等合作开展"1米花园"项目建设，在每个孩子家里建一个花园。科技节期间，学校通过"科学1小时"活动，邀请多位专家进行讲座，其中鲍平秋老师讲了《月季新品种是怎样诞生的》，学生们在活动中详细了解了"为什么要培育新品种？怎样培育新品种？"并详细地了解了寻找父本、母本、去雄、收集花蕾、杂交实验、花粉生活力测定、人工授粉、套袋、挂牌等活动过程，并进行区域试验、繁殖新品种，学会了扦插繁殖、嫁接繁殖——"T"字形芽接、接穗处理等技术要领。

（三）品牌传承

鲍平秋老师是北京联合大学教授，她带领团队先后培育出自主知识产权的月季新品种多个，其中两个获得美国国家发明专利，四个在美国月季协会登录，并取得我国国家林业局植物新品种专利证书和北京市良种证书。"多娇多俏"就是鲍平秋老师带领她的团队培育出来的更加适应北京地域栽培的月季花新品种。多娇、多俏2个品种生长势强，花色鲜艳，且具有抗寒的特征，花期更长。植株应具有很高的抗寒性能，在常规防寒措施下均可安全越冬，最低可耐受 −29℃的低温。将"多娇多俏"两个新品种的月季花栽种到学校里，让新品月季花开满校园，让新品月季花在我校学生的手中持续繁殖下去、推广出去。

二、活动设计

（一）学情分析

（1）2022年，五年级部分学生在大城子学校与北京圆网慈善基金会、中央美术学院、北京农学院园林学院等合作开展"1米花园"项目建设中，参与了"1米花园"项目，在自己家里建一个花园，学生对花园的选址、设计等进行规划，后续又持续对所种植物进行养护。这部分学生已经具有了种植和养护植物的经验，具备了一些必要实践能力，例如：规划植物的栽植地、挖苗穴，等等。另外，他们能够很好地使用一些工具，例如：铁锹、耙子、锄头等，他们完全可以自主参与到此次活动中来。

（2）我校一直是北京市中小学生植物栽培大赛的优秀组织校，所有学生全员参与植物栽培活动，五年级的学生已经连续参与了5年的植物栽培活动，可以说每一名学生都或多或少的具有一定的植物栽培的经验和能力，具备了参与此次主题活动的能力。

（3）五年级学生在科学课的学习中，也学习了关于植物生长的条件、养护植物的方法等，这些理论知识可以帮助他们很好地完成此次主题活动。另外，五年级是一个很优秀、上进心很强的集体，所有学生做事的态度都十分认真，从情感、态度方面来看，他们是非常乐意参加此次主题活动的。

（二）活动目标

基于此次"'美丽家园，行动有我'之我与月季花'多娇多俏'有个约会"的主题活动，使学生在实践中学习并掌握月季花栽培技术；了解月季花的育苗方法；学习月季育苗、扦插以及日常管理的方法，按时记录，形成栽培日记；增强学生对栽培植物的兴趣，并从小树立保护植物的意识。

（三）活动重难点

1. 活动重点

科技小队主要成员能够全程参与此次活动，在活动中能够与他人合作，有规划的完成所有任务。了解阳畦在月季花育苗过程中的原理和作用。学习月季花枝条的插穗、扦插方法。将月季新品种推广至本地区。

2. 活动难点

基于活动中的动手实践活动，能够独立完成插穗和扦插以及月季花的移栽工作；能够坚持长期持续的对育苗过程中月季花苗进行日常维护。

（四）适用的学段

小学五、六年级。

（五）活动准备

（1）制订活动计划。
（2）遴选科技小队的主要成员。

（六）活动过程

1. 挖阳畦，准备育苗床

科技小队用蛭石、珍珠岩等为阳畦营造温床，覆盖保温膜、草帘子、棉被。阳畦建成后在阳畦内放置电子测温计，每天监测阳畦内的温度变化。用准备好稀释的高锰酸钾溶液，给阳畦消毒，创造无菌的育苗床。

2. 剪枝条成插穗进行扦插，送进阳畦

与专家教师面对面学习扦插的秘诀：去掉枝条上的叶子在进行扦插；将月季花茎剪成包含2～3个芽的枝条备用；用高锰酸钾溶液给剪好的枝条消毒；将消毒的月季花枝条扦插到阳畦内。

3. 精心呵护"多娇多俏"

冬天里温度4℃以上，要给月季花阳畦晒太阳，从11月中旬到4月，历时四个多月给阳畦里的月季花晒太阳、记录温度、湿度、观察月季花的发芽、生长。

4. 移栽

将小苗栽种在土壤里,学生们挖坑、施肥,将小苗从培养盆捧出来放在坑里,培土、浇定根水。

5. 活动总结和推广

科技小队成员分享月季育苗心得,并推广其生态理念。

三、活动反思

(一)活动优点

(1)在"我与月季花'多娇多俏'有个约会"的主题实践活动中,学生不仅收获了新知识,还学习并掌握了月季花育苗、扦插等方面的技能。这些真实的体验是学生一生中宝贵的经历,他们体会到了劳动的辛苦,也体会到了劳动带来的快乐。

(2)在这个主题实践活动中,对学生进行了生命教育以及生物与环境可持续发展方面的教育。使学生懂得了人与自然要和谐相处,人人都可以参与到保护生物的多样性的环保活动中。

(3)学生们在经历栽培管理的过程中,体会到劳动给人们带来的乐趣;欣赏"多娇多俏"月季花之美,用新品种的月季花做花墙来美化我们的校园、推广到本地区的生态文明建设中;体会科学技术给生物带来的改变,感受到植物带给人们的幸福,植物与人类的和谐相处。

(4)在栽植月季花的过程中,学生学到了很多新的知识和技能。例如植物要带着下面的土一起移栽,不能破坏植物的根;栽植月季花时深度要合适,太深不容易生长,太浅容易倒,不利于定苗;移栽之后要培土,还要浇足水分,这次浇水叫作定苗水,必须浇透,让原来的土和新土融合在一起,这样,植物才能健康生长等。

大城子学校一直以来都在持续关注生命教育与科技教育的融合,"我与月季花'多娇多俏'有个约会"的主题实践活动,使学生在真实的情境体验中参与劳动实践、科学探究,在体验中学习知识、成长进步、感悟人生。

(二)活动不足

(1)由于学生们的经验不足,致使扦插的月季花成活率并不是很高,今后再扦插育苗的学生们会更加细心,及时浇水和通风,争取提高成活率。

(2)由于扦插技术耗时较长,我们需要学习新的繁殖月季花的技术——嫁接,来满足对月季花新品种育苗的数量要求,增加繁殖数量,缩短繁殖时间。

四、活动推广

(一)基于多娇多俏的特点赋能生态文明建设

"多娇多俏"新品种月季花的特征是长势强,花色鲜艳,且具有抗寒的特征,花期更长。如今我们的学生已经成功完成第一次育苗、栽种,现在的月季花长势良好,预计在3年里就可以爬上围墙,全部开花,形成月季花花墙。我们都知道,密云地区比北京市区的温度同一季节要低2~3℃,尤其在冬天,显得格外的冷。基于多娇多俏耐寒的特点,可以推广到密云地区栽培,不仅可以美化环境,还可以赋能密云区的生态文明建设。

(二)用新品植物赋能经济发展

活动之后学生们提出,既然多娇多俏非常适合密云的温度,适合大城子这样的山区地方生长,我们可以将这种月季花推广到大城子地区的精品民宿中去,在民宿中建立"多娇多俏"的种植园,让爬藤月季成为月季花花墙,使这道独特的风景来吸引更多的游客到大城子来旅游和度假,以此来带动大城子地区的经济发展。如有可能,可以再扩大到其他乡镇和整个密云区的环境建设中,用独特的植物来吸引游客,带动经济发展的同时促进生态文明建设,促进生物多样性发展。

校园菜园营造共建课程案例

密云区特殊教育学校　王靖楠　赵玉龙
(学段:小学四年级至六年级)

一、活动背景

在可持续发展理论的指导下,校园菜园营造共建项目,旨在通过参与式设计与共建,营造校园内的生态微空间并开展相关环境教育活动。项目面向全校学生,组建环保创建小组,参与生态建设,旨在提升校园生态意识和环境保护意识。

二、活动设计

(一)学情分析

本课程面向的是小学生高年级(四年级至六年级)学生,根据他们的认知发展与年龄特点有以下分析:对自然和环境问题有初步的认识和兴趣,具备一定的观察和动手能力;能够理解基本的生态概念和可持续发展理念,但需要通过具体的实践活动和有趣的教学方法来激发其学习兴趣;活动设计应结合游戏和探究性学习,以保持学生的参与度和专注力。

(二)活动目标

1.初步目标(半年到一年)

通过参与式设计与共建活动,学生能够理解和体验校园微空间生态营造的基本概念和方法;在自然教育课程中,学生将学习植物种植和生态系统的基础知识,培养观察能力和动手实践能力;通过项目活动,提升学生的生态意识和环境保护责任感。

2.长期目标(两年到三年)

学生能够在指导下自主设计和实施小型生态项目,增强解决实际问题的能力;通过持续参与和反思,学生能够形成系统的生态知识体系,提升科学探究和创新能力;项目成果将汇集成绿色校园主题的项目式学习课程,为学校提供长期的环境教育资源。

（三）活动重难点

1. 活动重点

（1）生态观念的形成:通过理论讲解和实际操作,使密云区特殊教育学生理解植物在生态系统中的作用,培养他们对生物多样性和可持续发展的意识。

（2）实践能力的培养:通过实际种植和生态建设活动,增强我校学生的动手能力和科学探究精神。

（3）长期参与和兴趣保持:通过多样化的活动设计和有趣的教学方法,保持学生对生态建设和环境保护的长期兴趣和参与度。

2. 活动难点

（1）专注力和耐心的培养:生态建设和植物种植活动需要较长时间的持续观察和维护,保持学生的专注力和耐心是活动成功的关键。

（2）科学方法的应用:引导学生掌握并应用科学研究的基本方法,如数据收集、分析和报告撰写,对于小学生来说具有一定难度,需要教师给予足够的指导和支持。

（3）团队合作与沟通能力:在参与式设计和共建活动中,学生需要分工合作,如何有效地进行团队协作和沟通是活动的挑战之一。

（四）活动准备

组建环保创建小组,确定参与人员和任务分工;制订详细的活动计划和课程安排;准备必要的工具和材料,如种植工具、设计图纸等。

（五）活动过程

历时5个月时间,"校园菜园"的基础设施基本完成。项目共开展了12次营造工作坊,直接参与的师生超过百人,带动了100多个家庭加入其中,参与人数达到400余人次。通过沉浸式的环境教育活动,参与者们深入了解了生态环境和生态建设的意义与价值。主要内容有以下几点。

（1）参与式设计与共建活动:通过6次工作坊,引导学生们进行校园微空间的设计和建设。学生们在指导下亲自动手,进行土地平整、种植、设施搭建等工作。

（2）自然教育课程实施:在改造后的空间中开展6次自然教育课程,内容涵盖植物种植、生态系统、可持续发展等主题。课程结合理论讲解与实际操作,增强学生的理解和动手能力。

（3）成果展示与总结:对项目的全过程进行记录和总结,形成文字、图片和视频等资料。组织展示活动,向全校师生展示项目成果,分享经验和心得。

三、活动反思

项目通过理论与实践相结合,成功激发了学生对生态建设和环境保护的兴趣,增强了他们的参与积极性和责任感。通过丰富多样的活动形式，学生不仅掌握了理论知识，还通过实践活动巩固了所学内容，提升了学习效果。

项目也暴露出了一些需要改进的地方，如学生总结分析能力、数据处理能力欠缺等。在未来的活动中，我们可以通过加强专项培训等方式，提升项目的质量和效果。

总的来说"校园菜园"营造共建项目在提升学生生态意识、实践能力和团队合作能力方面取得了显著成效，为绿色校园的建设和推广提供了宝贵的经验和参考。

金银相簇，"果果"在探秘中成长

东邵渠镇中心小学　刘新　许良

（学段：小学阶段）

一、活动背景

东邵渠镇中心小学受"万物并育"中国传统文化思想启迪，以学生成长需求为中心，围绕"在果果课堂里学习成长"的核心任务，紧扣学生熟悉的物，以秋、冬、春、夏四季成长为脉络，设计跨学科课程。

从"秋：山川万物—读城图谱""冬：创意空间—异想天开的变化""春：本草标签—生长故事""夏：贸易实践—生长在果品之乡"四个主题整体设计了小学阶段跨学科主题学习活动（表3-1）。

表3-1　春夏秋冬，果果不重样主题课程

年级	秋（9—10月） 山川万物—读城图谱	冬（11—12月） 创意空间—异想天开的变化	春（3—4月） 本草标签—生长故事	夏（5—6月） 贸易实践—生长在果品之乡
一	教室一座城	水果拼盘	我是红果（李子）	牵手乡村集市
二	校内一座城	果果变形记	我要的是葫芦	牵手乡村集市
三	校外一座城	果干和蜜饯1	我种的大窝瓜	跳蚤市场
四	家乡一座城	果干和蜜饯2	金银花的秘密	跳蚤市场
五	云上一座城	多材料创意加工1	种子的安全旅行	电商平台
六	心中一座城	多材料创意加工2	校园植物园里的亲戚	电商平台

春季课程"本草标签—生长故事"主题：突出研究性学习方式，学生在经历了课堂学习、课外学习等实践学习之后，通过在校园里开展小课题研究的方式进一步推进深度学习。

东邵渠镇聚焦中医药展开了"窗前街边满山芳"的种植、"志学神农尝百草"的教育、"华佗五禽强健体"的体育、"白头何首望当归"的康养、"悬壶济世代代传"的科研、"中药花开动京城"的文旅。六个项目的推进也为学校教育提供了资源与基地。

本学期综合实践活动主题为"本草标签—生长故事"，围绕这一主题，聚焦镇里的中医药文化，提出问题，探索在学校里都有哪些植物有药用价值可以列入药物行列——

金银花、山楂、蒲公英、不胜枚举，最后我们打算对学校最具有代表性的金银花进行探秘。

二、活动设计

（一）学情分析

三年级时，学生走出校园，认识周边的许多事物，感受校外一座城。学生发现我们东邵渠地区打造中医药文化，而且观察到学校对面的中医药园里，种植着许多有药用价值的植物。在这个过程中，学生们想起在二年级认识校内一座城时，见到了得香廊的金银花，对金银花也十分好奇。所以在四年级之际，学生打算走进金银花，探究金银花的秘密。

（二）活动目标

（1）通过实地观察、采访调查、数据记录等方式进行科学探究，了解金银花的历史、生长特点和药用价值。

（2）运用跨学科的知识和方法解决问题，提升综合实践能力，激发对自然科学的兴趣和热爱，培养探究精神；提升对自然环境保护的意识，促进文化的传承与生态教育。

（3）能够设计并制作金银花相关的美术作品和宣传语，增强对传统文化的认同感和自豪感，传承中医药文化。

（三）活动重难点

1. 活动重点

运用生物学、环境科学等多学科知识解决实际问题，培养综合实践能力，激发学生对自然科学的兴趣和探究精神。

2. 活动难点

将不同学科的知识有效整合，并灵活应用于解决实际问题的过程中；在美术作品中准确传达金银花的文化内涵与药用价值，强化学生对传统中医药文化的认同感与自豪感，促进文化的传承。

（四）活动准备

确保学校对面中医药园以及校内得香廊场地的环境安全，并准备好摄像机、问题标签、访问表、查阅表、展板、图腾设计表等。

（五）活动过程

1. 汇总问题，明确探秘方向

基于中医药园对中药植物的宣传以及学生对学校金银花产生的好奇心，聚焦金银花进行探索。针对金银花，提前给学生下发问题标签，学生自由发挥，提出了自己感兴趣的问题。随后将学生的问题汇总分类，对历史、文化、药用价值、科学、美食制作、宣传六个方面进行深一步的探秘。

2. 追根溯源，绘制图腾

（1）刨根问底溯历史。依据金银花的生长周期，在2月到3月中旬进行追根溯源文献研究，探究金银花历史、文化、药用价值。将学生分为访谈和查阅两个大组，每组承担不同的任务，并带领学生一起制作记录卡，包括对象、路径、方向以及内容，以全面追溯金银花的历史。访谈组负责访问学校的老教师、退休中医药专家或当地村民等，了解关于学校金银花的具体历史；查阅组通过图书馆、网络等渠道查阅关于金银花的文献资料，了解其起源、发展脉络、传播路径等。基于两个组的访谈和查阅文献，学生初步认识了金银花，对金银花有更深一步了解。

（2）制作知识图谱。通过调查，学生进一步了解了金银花。接下来，教师带领学生做金银花知识图谱，学生们将绘制的图谱展示在得香廊内，在校园里进行宣传。

（3）妙笔生花绘图腾。金银花与敦煌壁画有着密不可分的联系，与美术老师紧密合作，引入敦煌文化，鼓励学生们发挥想象力，结合敦煌文化和金银花等自然元素，构思出独特的图腾形象。在绘制图腾的过程中，孩子们发挥自己的想象，创作出了属于自己个性化的图腾形象，同时又能抓住核心共性的东西。

3. 实地探索，科学记录

3月下旬，随着春季气温逐渐回升，金银花进入萌动展叶期，学生开始进行实地考察记录。以小组为单位观察研究，组内成员进行分工，分别承担起数据测量、记录、拍照摄影、绘画等任务。

4. 制作美食，推广宣扬

（1）组织金银花文化节。学生们分工合作，设计文化节的活动流程和内容，包括金银花摄影展、互动游戏等。

（2）美食比拼。发布征集通知，向全校师生征集金银花美食菜谱。参赛者按照自己选择的菜谱进行烹饪，展示金银花的独特风味，设立评委团，对参赛作品进行评分和点评；将烹饪大赛中的优秀作品进行展示，邀请师生品尝；最后对活动进行总结，梳理金银花美食烹饪的经验和教训。收集参与者的反馈意见，为未来的活动提供参考和改进方向。

（3）撰写关于金银花的推广文案。包括金银花的美丽、药用价值和烹饪用途等内容；利用微信等新媒体平台，在社交媒体进行推广与宣传。

三、活动反思

通过探秘金银花，学生了解了金银花的历史、生长特点和药用价值。在这过程中，学生们提升了综合实践能力，激发了对自然科学的兴趣和热爱，培养探究精神，增强对传统文化的认同感和自豪感，传承中医药文化，提高生态文明素养和意识。活动中学生积极投入，起到了非常好的教育意义。活动结束后，留下了一些对学生持久的影响，促进了学生对本土中医药植物保护的关注，激发了更多学生对自然探索的兴趣。本次活动也为未来的其他自然教育活动提供宝贵的经验借鉴，是学生学习和成长的机会。

第四节 园林建设领域

家乡的长城文化
——超轻黏土浮雕制作实践活动课教育案例

北京市密云区大城子学校 李树强

（学段：小学六年级）

一、活动背景

长城是中华文明的瑰宝，是世界文化遗产之一，是中国古代人民智慧的结晶，也是中华民族的象征。密云区大城子镇位于燕山山脉的关口，历史悠久，古迹众多。有隋唐时期的响马洞，有明朝洪武年建成的墙子路城遗址，有"墙子雄关"古战场遗址，山上有著名的 V 字长城和锯齿长城。依托家乡的长城古迹，将家乡的长城文化融入美术课程，利用超轻黏土制作出仿铜长城浮雕艺术作品，让学生更多的了解家乡的长城文化，感受中国的文化底蕴，树立起热爱家乡、热爱祖国的情怀。

二、活动设计

（一）学情分析

六年级的学生对中国的历史和文化有了一定的了解，知道长城是中国的标志性建筑和重要的文化遗产，对家乡的长城历史背景、建筑特点、文化内涵等方面虽然有一些浅显的认知，但还需要教师结合家乡的长城历史故事和建筑特点进行深入分析讲解。此外，学生对超轻黏土的特性已经非常了解，并已经掌握了超轻黏土制作的一些技法，通过教师讲解长城的一些特点和制作的一些方法，学生可以利用超轻黏土制作出仿铜浮雕长城作品。

（二）活动目标

1. 知识与技能

了解家乡长城的历史和文化价值，掌握超轻黏土制作仿铜浮雕的造型技法。

2. 过程与方法

学生通过观看家乡长城的图片、视频和故事，了解长城的历史和文化意义，并利用超轻黏土造型技法制作完成仿铜长城浮雕艺术作品。

3. 情感态度价值观

学生通过制作仿铜长城浮雕作品，培养学生艺术表现和创意实践艺术核心素养，激发学生的爱国情怀和民族自豪感，增强文化自信。

第三章 经济产业篇

(三)活动重难点

1. 活动重点

学生用超轻黏土塑造长城的形状和结构。

2. 活动难点

如何让学生在塑造过程中体现长城的神韵和历史感。

(四)活动准备

PPT课件、超轻黏土和制作工具等。

(五)活动过程

1. 课前准备

学生课前收集关于长城的资料并了解家乡长城的现状。

2. 情境导入

播放长城的图片、视频,引导学生观察长城的外观和特征;学生分成小组介绍自己观看的感受和介绍自己收集的关于长城的资料。

3. 知识讲解

教师讲解仿铜浮雕的制作步骤。

(1)设计图案:在油画板上勾勒出长城的图案(图3-1),可参考一些长城的图片进行构图。

(2)技法塑型:利用超轻黏土的可塑性强的特点和一些工具进行长城的主体塑型,例如城楼、城墙、群山、松树等;注意层次感,体现浮雕特点。

(3)金粉上色:作品塑型完成之后进行细节的整理,待到作品完全干透之后进行金粉上色;注意多刷几遍,将超轻黏土完全变成金色。

(4)做旧处理:表面完全干透之后,将黑色皮鞋油均匀地涂抹于表面,然后用棉布进行擦拭,使作品完全变成古铜色,表现出岁月沧桑感。

图3-1 学生设计的长城图案手稿

4. 教师示范

用超轻黏土塑造长城的基本步骤,如城墙、烽火台、城楼等的制作方法,提醒学生注意长城的比例和细节处理。

5. 动手实践

根据教师的示范和自己的创意,以小组为单位用超轻黏土塑造长城。

6. 展示评价

学生展示小组作品,并简要介绍创作思路;其他学生进行评价,提出有点和建议;教师进行总结评价,肯定学生的努力和创意,给予鼓励和表扬。

7. 总结拓展

总结本次课程的内容和重点,强调长城的重要性和超轻黏土创作的乐趣;布置课后作业，让学生继续用超轻黏土制作长城相关作品。

（六）活动延伸

（1）组织学生观看长城浮雕作品，加深对长城浮雕的认识。
（2）开展小组制作大幅仿铜浮雕长城艺术作品，激发学生的创作热情。

三、活动反思

在这次超轻黏土塑造长城的活动中，有许多值得思考和总结的地方。从积极的方面来看，学生们展现出了浓厚的兴趣和热情。通过亲自动手塑造，他们对长城这一伟大的历史遗迹有了更直观的感受和更深入的认识。在创作过程中，学生们的想象力和创造力得到了充分的激发，他们尝试着用不同的方式来表现长城的形态和特点，诞生了许多充满创意的作品。

然而，活动中也暴露出了一些问题。例如，部分学生在对长城的结构理解上还存在一些偏差，导致作品的细节不够准确。这也让我意识到在活动前的知识讲解部分还需要更加细致和深入，帮助学生更好地理解长城的相关知识。在指导学生的过程中，我也发现自己在某些技巧和方法的传授上还不够清晰明确，导致部分学生在操作过程中遇到一些困难。这也让我明白自己要不断提升教学指导能力，提前准备好更详细的步骤和示范。

总的来说，这次超轻黏土塑造长城活动是一次有意义的尝试和学习经历。学生们对家乡长城文化有了更深入的了解，激发学生的爱国情怀和民族自豪感，增强文化自信。学生还从不同的角度关注社会、关注生态文明、关注环保、关注文化遗产保护。我会认真总结经验教训，在今后的活动中不断改进和完善，以更好地促进学生的学习和发展。

第五节 传统文化领域

密云亭台楼阁榫卯结构之美
——高中创客社团融入中国优秀传统文化教育案例

北京师范大学密云实验中学　张静

（学段：高中阶段）

一、活动背景

我们的家乡密云，拥有众多精美的亭台楼阁，这些建筑承载着历史的记忆和文化的传承，其中榫卯结构更是展现了中国古代建筑的独特魅力。"密云亭台楼阁榫卯结构之美"课程着眼于时代发展与国家政策的宏观背景，立足于密云生态涵养区，以创客课程为基础，结合密云地区实际情况，引导学生关注家乡蕴藏的中国优秀传统文化，助力密云区"和美乡村"建设，通过不断实践和学习，提升学生科技创新素养，同时探索科技惠民，开展适合学情的科技生涯规划教育，培养学生社会责任感，涵养家国情怀。在高中创客社团的活动中，我们积极探索将中国优秀传统文化融入其中的教育方式，让学生更好地了解和传承中华优秀传统文化。

二、活动设计

（一）学情分析

1. 知识基础

高中生已经在物理等学科中接触过一些力学和结构的基本知识，对于理解榫卯结构的原理和稳固性有一定的理论铺垫。

2. 认知能力

高中生具备较强的逻辑思维和分析能力，能够深入探究榫卯结构的精巧之处及其背后蕴含的智慧；同时，他们对新鲜事物和传统文化有较高的兴趣和好奇心，有利于激发对榫卯结构之美的关注。

3. 生活经验

高中生在日常生活中可能接触过一些采用榫卯结构的传统家具或建筑，但往往缺乏深入了解。这既为讲解提供了现实切入点，又需要引导他们从更专业的角度去了解经验。

4. 学习特点

高中生具有较强的自主学习意识和小组合作能力，可以通过自主探究、小组讨论等方式进一步加深对榫卯结构的理解和感受其美。

5. 情感态度

高中生正处于价值观形成的关键时期，对国家和民族有一定的认知和情感。他们能够理解榫卯结构作为中国传统工艺的杰出代表，蕴含着中华民族的智慧和创造力，这种独特性容易激发他们的民族自豪感和家国情怀。这个阶段的学生对文化的多元性和传承的重要性有一定的思考能力。他们能够认识到榫卯结构是中华文化的瑰宝，传承榫卯结构不仅是对技艺的延续，更是对民族文化精神的坚守，从而产生文化传承的责任感。通过介绍榫卯结构之美，能够增强他们对传统文化的自豪与热爱，培养文化传承的责任感，同时也有利于培养他们的审美情趣和对工艺之美的鉴赏能力。

6. 潜在困难

对于一些较为复杂的榫卯结构可能理解起来有一定难度，需要借助直观的图片、视频或模型进行详细讲解。部分学生可能对传统工艺的耐心和专注度不够，对传统文化的重要性认识不足，需要通过生动的讲解和实例来加深理解。同时，要引导学生克服对传统工艺可能存在的距离感，让他们切实感受到榫卯结构与日常生活的紧密联系以及家国情怀培育的重要性。

（二）活动目标

1. 促进生态观念形成

让学生了解榫卯结构的原理和特点、与自然材料的紧密结合，以及其对资源合理利用的体现，培养他们的生态环保意识。

2. 培养能力

培养学生对中国传统建筑文化的兴趣，提升学生的观察能力、分析能力、动手实践能力和创新思维能力。

3. 塑造习惯品质

培养学生的耐心、细致、专注和团队合作精神。

4. 触及精神层面核心

激发学生对传统文化的敬仰和传承精神，增强学生对家乡文化的认同感和自豪感。

（三）活动重难点

1. 活动重点

（1）榫卯结构的基本类型与特点：让学生清晰了解各种常见榫卯结构的样式和独特之处。

（2）榫卯结构蕴含的工艺智慧：使学生领会其中体现的古人的巧思和精湛技艺。

（3）榫卯结构与传统文化的关联：引导学生认识到它在传统文化中的重要地位和象征意义。

2. 活动难点

（1）复杂榫卯结构的理解：一些较为复杂的榫卯结构原理和构造可能较难掌握，需要巧妙讲解和辅助理解的手段。

（2）审美层面的深入体会：帮助学生真正从审美角度去感受和欣赏榫卯结构的精妙之美，而不仅仅是表面认知。

（3）将榫卯结构与现代设计的融合思考：启发学生思考如何在现代设计中传承和创新运用榫卯结构，这需要学生具备较高的思维拓展能力。

（四）活动过程

1. 实地考察

在活动过程中，首先组织学生对密云的亭台楼阁进行实地考察。组织学生到密云白河公园、云峰山、冶仙塔等地参观密云的亭台楼阁，观察榫卯结构的实际应用；让学生亲身感受榫卯结构的魅力，引导学生观察榫卯结构在建筑中的作用，如稳定性、耐久性等；学生们亲身感受着榫卯结构的精巧和稳固，了解到这种结构无须钉子和胶水，仅通过木材的凹凸咬合就能承受巨大的荷载。

2. 知识讲解

为了让学生更好地了解中华优秀传统文化的榫卯结构，带领学生前往密云区十里堡镇靳各寨村，探访这里的一位市级非物质文化遗产代表性传承人、民间玩具工艺大师李文涛，他制作的榫卯结构的亭台楼阁非常精美（图3-2）；邀请他为孩子们讲解亭台建筑中榫卯结构的实际应用，详细介绍榫卯结构的历史、原理和优点。李老制作榫卯结构的鲁班枕已有几十年的时间，目前基本没有经济效益，但是由于热爱，老先生依然孜孜不倦的制作者，非遗的艺术家们大都这样忍受着清贫，传承着手艺；回到课堂后，通过图片、视频等多种形式,深入讲解榫卯结构的原理和特点。学生们对这种古老而精湛的技艺充满了好奇和兴趣。

图 3-2　李文涛老先生的创新成果供学生观摩学习

3. 动手实践

学生分组制作榫卯结构模型,亲身体验其制作过程。为了让学生更深入地了解榫卯结构,组织动手实践活动。学生们在教师的指导下,尝试用简单的材料制作榫卯结构模型;每组学生选择一种榫卯结构进行制作;课上提供木材等材料,让学生亲自动手切割、打磨、组装,体验榫卯结构的制作过程;在制作过程中,教师巡回指导,及时解答学生遇到的问题。

在这次分组实践中,学生们充满热情地投入到3D建模和实物动手操作中,以实现对榫卯结构的制作(图3-3)。各小组的学生们紧密合作,首先在电脑上运用3D建模软件,精心绘制榫卯结构的每一个细节;他们仔细斟酌尺寸、形状和连接方式,以确保模型的准确性和稳定性;在3D建模过程中,学生们充分发挥创造力,不断尝试不同的设计方案,以寻求最佳的榫卯结构;完成3D建模后,学生们将虚拟模型转化为实物。在实物制作过程中,学生们面临着各种挑战,需要精确测量、仔细切割和精心组装,以确保榫卯结构的紧密接合，小组内的成员们互相协作、互相支持，他们分享经验、交流技巧，共同解决遇到的问题。

图 3-3　学生运用榫卯结构制作属于自己的手工作品

通过这种实践方式，学生们不仅深入了解了榫卯结构的工作原理和特点，还培养了团队合作精神和动手能力。最终，当一个个精巧的榫卯结构成功制作出来时，学生们充满了成就感和自豪感。这次实践活动让学生们亲身感受到了传统工艺的魅力，同时也为他们未来的学习和创新奠定了坚实的基础。

4. 交流分享

教师组织学生进行小组间的交流，分享制作过程中的心得和体会、经验和感悟；鼓励学生提出问题，共同探讨解决方法。

5. 创新设计

引导学生思考榫卯结构在现代设计中的应用可能性；鼓励学生尝试将榫卯结构与其他材料或技术结合，进行创新设计，如设计新的亭台楼阁模型。

6. 成果展示

展示学生的作品，激发学生的成就感和对中国传统文化的热爱。

（五）活动成效

学生们对榫卯结构有了更深入的了解，提高了对中国古代建筑文化的兴趣。通过动手制作，培养了学生的动手能力和团队合作精神。增强了学生对中国传统文化的认同感和自豪感。学生不仅深入了解了榫卯结构这一中国优秀传统文化，还培养了动手能力、空间想象力和团队合作精神。同时，也激发了学生对中国古代建筑文化的兴趣和热爱，增强了对传统文化的认同感和自豪感，培养了他们的综合素质和创新能力。

三、活动反思

本次教育案例成功地将中国优秀传统文化融入高中创客社团活动中，让学生在实践中感受传统文化的魅力。

从积极方面来看，学生们对榫卯结构表现出了浓厚的兴趣，这让整个课堂氛围较为活跃。通过丰富的图片、视频等资料展示，较为直观地呈现了榫卯结构的奇妙之处，使学生们对其有了较为清晰的认识。在讲解过程中，能够感受到学生们对传统文化的尊重和对古人智慧的钦佩，学生们不仅了解了家乡的文化遗产，还感受到了中华优秀传统文化的博大精深。他们对榫卯结构的认识不再仅仅停留在书本上，而是通过亲身体验，真正理解了其背后的智慧和魅力。这在一定程度上达到了激发学生家国情怀和文化自豪感的目的。

然而，活动也存在一些不足之处。在讲解榫卯结构原理时，部分学生理解起来仍有一定难度，教师可能需要进一步简化和细化讲解方式，或者增加更多的实物模型辅助理解。在引导学生深入思考榫卯结构与现代设计的结合方面，还可以做得更深入，让学生有更多的思维碰撞和创新想法的产生。同时，在课堂时间的把控上，可能由于学生讨论较为热烈，某些环节时间分配不够合理，导致后续内容稍显仓促。

在今后的教学中，我们要更加注重教学方法的多样性和灵活性，根据学生的反馈及时调整。提前对可能出现的难点有更充分的预估和准备，以便更好地应对。继续挖掘榫卯结构之美与其他领域的联系，拓宽学生的视野和思维。通过这次活动，相信在未来的类似教学中能够取得更好的效果，让学生更深刻地领略中国优秀传统文化的魅力。

本 章 小 结

北京市密云区各学校充分利用密云区的经济产业资源，开展了形式多样的教育活动，以上案例涵盖了果树种植、人文旅游、传统文化等各个领域，将这些领域的资源与生态文明观念的培养深度融合，为经济产业领域注入了更为丰富的内涵和活力，同时能够以此为基石，培养生态文明领域的拔尖创新人才。密云区各学校开展了一系列课程体系，包括基础课程、拓展课程和特色课程。这些课程旨在为学生提供全面的知识结构和深入的专业技能，同时强调生态文明的核心理念和创新精神的培养。

在基础课程中，注重培养学生的综合素养，学生将学习经济产业领域的基本知识，如对果蔬种植的技术要点、人文旅游的开发以及传统文化的传承等板块有基本的认识和了解。通过这些课程的学习,学生建立起扎实的专业基础,为后续的学习和实践打下了坚实的基础;在拓展课程中,侧重于培养学生的创新能力和实践能力,并鼓励学生跨领域学习。通过参与各类项目研究、实地考察和实践活动,学生将有机会深入了解产业现状和发展趋势,探索新的解决方案。这些拓展课程将激发学生的跨学科思维和创新能力;在特色课程中,为学生提供了更加个性化和专业化的学习体验。如果蔬种植产业,开设了有机农业、生态农业等特色课程。我们注重将生态文明观念贯穿始终,让学生在实践中体验并理解生态文明的重要性。

我们期待培养出综合素质高、具有创新精神与能力的拔尖人才。这些人才不仅具备深厚的专业知识和技能,还具备强烈的生态文明观念和创新精神,能够成为推动生态文明建设和社会可持续发展的中坚力量,在经济产业领域中发挥重要作用,推动产业的可持续发展和创新升级。

第四章　工程建设篇

本章将聚焦于北京市密云区在工程建设领域所开展的一系列成果案例，这些案例充分展示了密云区独特的资源优势，将自然与人文、传统与现代巧妙融合起来。如水利工程，其有效调节了水资源，为密云区的可持续发展提供了坚实的保障。而密云区的乡村建设也十分独特，充分发挥了自然生态和人文历史的优势，通过实施一系列富有特色的项目，不仅提升了乡村的居住环境和生活品质，还保留了乡村的历史风貌和文化底蕴。密云区各学校通过精心策划的多样化活动，引导了学生们树立生态环保与工程建设协调发展的观念，为未来的可持续发展贡献智慧和力量。

第一节　水利工程领域

爱水护水研究水　我们在行动
——走进水库大坝活动

溪翁庄镇中心小学　李默申
（学段：小学四、五年级）

一、活动背景

在当今社会随着工业化和城市化的快速发展，生态环境问题日益凸显，生态保护和可持续发展已成为全球共同关注的重要议题。作为培养未来社会栋梁的摇篮，学校在生态文明教育中扮演着举足轻重的角色。北京密云溪翁庄镇中心小学一直以来都秉持着"绿色、和谐、创新、发展"的教育理念，致力于培养学生们的生态文明意识和环保责任感。

学校地处北京市密云区，紧邻密云水库这一重要的水源地，拥有得天独厚的自然资源优势和生态文化底蕴。密云水库不仅为周边地区提供了宝贵的水资源，还是南水北调工程的重要枢纽，其生态保护和水质安全直接关系到广大人民的饮水安全。因此，利用这一地域特色和资源优势，开展生态文明教育活动，对于提升学生们的环保意识，促进人与自然的和谐共生具有重要意义。

在此基础上，学校结合自身文化传统和教育特色，形成了独具特色的生态文明教育品牌。学校注重将生态文明理念融入日常教育教学中，通过组织开展丰富多彩的实践活动，让学生们亲身感受生态文明的魅力，增强保护生态环境的自觉性和主动性。同时，学校还积极与社区、企业等合作,共同打造生态文明教育基地,为更多的人提供学习和交流的平台。

本次生态文明教育活动正是基于这样的指导理念和学校文化背景下孕育而生的。活动将组织学生深入了解密云水库的生态价值和水质状况,通过实地参观、水质监测等方式,让学生们直观感受水资源的重要性,并引导他们在日常生活中节约用水、保护水资源。同时,活动还将结合南水北调工程的相关知识,让学生们了解水资源跨区域调配的意义和挑战,进一步激发他们的生态保护意识和责任感。

通过这样的生态文明教育活动,我们期望能够唤醒学生们的生态保护意识,培养他们的环保行为习惯,为构建美丽中国贡献一分力量。

二、活动设计

（一）学情分析

学校紧邻密云水库,近年来,为了保护水源,学生走进水库的机会很少。本次活动针对溪翁庄小学四、五年级学生的特点来展开,他们已经初步具有了一定的观察、实验能力和分析问题的能力,但是在实际学习时需要教师的指导。很多学生能从网上查到关于密云水库历史知识,并能够开展探究性活动。参加活动的学生绝大部分对密云以及密云水库历史缺乏了解,没有亲临水库大坝的经历。在课堂内没有做过与"水"有关的实验,所以学生对于本次体验活动非常感兴趣。

（二）活动理念

本次活动采用参观、游戏、分享的形式相结合,让学生在愉快地活动中,感受到密云水库水资源的重要,树立爱水护水的责任意识。

（三）活动目标

（1）通过聆听讲解密云及密云水库历史的了解,使学生们深刻领会密云水库在首都经济社会发展中的重要意义,以及前辈们修建水库的艰辛,增强对家乡的自豪感及家乡水资源保护的责任感。

（2）能够以团队合作的方式完成水库大坝上的参观、游戏及徒步路程。

（3）了解保护密云水库水资源的重要性,通过参与水文化之旅的各种实践体验活动,提高学生的科学探究能力,了解更多与水质检测相关的知识。

（四）活动重难点

1. 活动重点

通过参观水库水位线和南水北调工程,亲身感悟水库的资源重要性,形成爱水节水的使命感与责任感。

2. 活动难点

现在的小学生与密云水库修建历史年代较远,且经济条件相对富裕,所以对相对枯燥的历史知识讲解可能缺乏兴趣，对历史人物吃苦耐劳、无私奉献的精神很难产生感情上的共鸣。

（五）活动准备

1. 教师准备

与密云水库联系，进行实地调研；解决下列问题：讲南水北调的知识、确定水活动场地、水库历史展板、横幅尺寸、椅子60把、一些小奖品等；确定40名学生参与活动，签订安全协议；制定活动安全预案和实施方案。

2. 学生准备

了解活动要求及过程并准备好所需用品，按时参加活动；提前上网查找关于密云水库的知识。

（六）活动过程

1. 水库历史我探究

通过丰碑上的内容了解密云水库的历史；学生自由活动来探究水库的历史；学生分享所知道的水库历史；学生完成"你抢我答"和"成语PK"两个游戏。

2. 水位知识我了解

学习水位线知识，教师向学生展示历史最高水位线，询问学生水位线的值；教师介绍密云水库原为北京、天津两个城市用水，而1982年起，仅为北京提供用水，引导学生思考密云水库的水的去向。

3. 南水北调我知道

教师通过提问互动，使学生思考使水库水变多的方式，并向学生们介绍南水北调的知识；参观南水北调入水口；通过对参观南水北调工程以及聆听相关讲解，组织学生分享感悟；总结南水北调五个"世界之最"，以及几代人在南水北调工程中的坚持与付出，号召学生们要珍惜用水。

4. 水质监测我实践

教师组织学生进行密云水库水样采集；学生进行水质检测活动（图4-1）。

图4-1 水质检测

5. 总结与提升

教师向学生介绍密云水库有专业人员以及直升机对库区水域进行巡视，确保水库的洁净。使学生树立了正确的生态环保观念，增强了他们的环保意识和责任感，并倡议学生向相关人员致敬。

三、活动反思

小学四、五年级的学生已经初步具有了一定的观察、实验能力和分析问题的能力，能从网上查到关于密云水库历史知识，学生能够开展探究性活动。本次活动设计从学生的实际出发，采用参观、游戏、分享的形式相结合，让学生在愉快的活动中，感受到密云水库水资源的重要，树立爱水护水的责任意识。

（一）课程目标与实施情况

1. 课程目标

课程旨在通过结合密云水库的地域特色，培养学生的生态文明意识，提高他们对生态涵养、护水、节水重要性的认识。

2. 实施情况

密云区中小学结合地域特色，积极开发多学科融合的生态文明课程，把课堂建在绿水青山间。通过实地考察、数据采集、课题研究等方式，让学生深入了解密云水库的生态环境和生态保护工作。开展了一系列生态文明教育实践活动，如"护水小卫士"活动、"垃圾分类桶前值守"志愿服务等。

（二）课程效果与影响

1. 学生对生态文明的认识加深

通过课程学习，学生对生态文明有了更深刻的理解，认识到了保护生态环境的重要性。

2. 学生参与度提高

学生积极参与课程学习和实践活动，通过亲身体验和实际操作，增强了其学习的趣味性和实效性。

3. 生态环保意识提升

课程学习使学生树立了正确的生态环保观念，增强了他们的环保意识和责任感。

（三）课程亮点与特色

1. 结合地域特色

课程紧密结合密云水库的地域特色，让学生在学习中感受到家乡的美丽和生态价值。课程融合了地理、生物、环境科学等多个学科的知识，拓宽了学生的视野和知识面。

2. 实践性强

课程注重实践性教学，通过实地考察、数据采集等方式，让学生亲身体验和感受生态保护工作的重要性。

（四）反思与建议

1. 持续加强生态文明教育

继续深化生态文明教育，将其融入中小学教育的全过程，培养学生的生态文明素养。拓展课程内容：根据时代发展和学生需求，不断拓展和更新课程内容，使其更加贴近实际、贴近生活。

2. 加强师资培训

加强师资培训，提高教师的生态文明素养和教学能力，确保课程质量和教学效果。

3. 完善评价体系

建立科学的评价体系，对学生的学习成果进行客观、全面地评价，激励学生积极参与课程学习和实践活动。

综上所述，密云水库生态涵养、护水、节水课程在培养学生生态文明意识、增强环保意识和责任感方面取得了显著成效。未来，我们应继续加强生态文明教育，拓展课程内容，加强师资培训，完善评价体系，为培养更多具有生态文明素养的优秀人才做出贡献。

厚植生态文明　耕耘美丽家乡

北京市密云区溪翁庄镇中心小学　郭怀艳

（学段：小学六年级）

一、活动背景

2015年，中共中央、国务院《关于加快推进生态文明建设的意见》中明确提出"要把生态文明教育作为素质教育的重要内容"，这标志着生态文明教育作为一个独立的教育概念被正式提出。此后，生态文明教育逐渐成为教育体系中的一个重要组成部分，习近平总书记也提出"绿水青山就是金山银山"。身为中队辅导员，我利用身边的密云水库这一得天独厚的教育资源，抓住教育契机对学生进行生态文明教育。密云水库的建成是党"伟大成就史"上浓墨重彩的一笔，在密云水库建设、保护过程中，涌现出了很多值得我们传承和弘扬的水库精神。在纪念密云水库建成60年之际，习近平总书记给建设和守护密云水库的乡亲们写了一封回信，2023年是我们收到回信三周年的日子。溪翁庄镇中心小学的六（1）班中队地处水库周边，很多队员就是水库移民后代。但是在和队员的交流中，我发现他们对水库建设情况了解的并不是很多，更别谈世代密云人为保护水库所表现出的默默奉献、吃苦耐劳、敢于担当、不断创新的精神了。作为密云人应该了解水库修建史、了解水库精神内涵，接续奉献精神，从小树立保水、护水意识，在奉献拼搏中勇担保护水责任。

因此，本活动旨在挖掘"家书"背后蕴含的情感，以回信三周年为契机，设计队会，开展"爱水、护水、研究水"等一系列综合实践活动课程。意在培养队员传承弘扬水库精神，树立理想信念，热爱家乡、热爱密云、热爱祖国，为建设祖国，实现中华民族伟大复兴贡献力量。

二、活动设计

（一）活动目的

（1）由"家书"回信，引发队员对水库修建史的追忆思考，感受建设者吃苦耐劳、团结一心的奋斗精神，感受密云人舍小家为大家的奉献精神；激发队员热爱家乡的情怀。

（2）通过调查走访水库建成后家乡人为保水库水出的贡献，以及人们是如何利用水库得天独厚的地域优势发展经济的感悟密云人发扬水库精神，敢于担当、勇于创新，用自己的聪明才智创造美好生活的品质，激发队员热爱密云的情感。

（3）通过讨论为家乡建设，设计金点子活动，内化队员行为，激发队员继续发扬密云人无私奉献、责任担当精神，让家乡的明天更辉煌，激发队员热爱家乡、建设祖国的家国情怀，树立理想信念，为实现中华民族伟大复兴贡献力量。

（二）活动准备

1. 教师准备

习近平总书记的一封回信；歌曲《云水谣》视频资料；了解队员收集到的修建密云水库的故事资料，在此基础上教师补充图片、视频、数据资料；邀请建库人的后代为队员讲述故事。

2. 队员准备

前期完成关于密云水库原创诗词创作；利用网络搜索、到村里走访或是询问自己的长辈，了解修建过程中、水库修建后感人的人或事，了解人们做出的贡献；用不同的形式呈现调查结果；了解本村的一村一品建设，并通过不同的形式展现出来。

（三）活动过程

1. 重温家书，引发情思

队仪式结束后，课件呈现习近平总书记工作照，重温习近平总书记的回信，出示回信让队员们自由阅读。在队员们阅读来信后由辅导员提出疑问："习爷爷为什么会给我们写这封回信呢？想表达怎样的情感呢？你可曾想到密云水库修建前是怎样的景象呢？"以此激起队员心中的疑惑，揭示活动课主题。

2. 追溯历史，感受精神

在这一环节中辅导员从三个层次让队员感受密云人舍小家为大家的奉献精神，来感受建设者吃苦耐劳、团结一心的奋斗精神，激发队员热爱家乡的情怀。

（1）聆听故事，知精神：队员们随着建库后人儿女的脚步，重温建库精彩的瞬间，引导队员初步感受水库人默默奉献的精神。

（2）补充资料，悟精神：队员们在聆听故事后有感而发，在谈感受的时候，队员们不仅能表达了对前人的景仰，同时讲述自己收集到先进人和事。在资料的收集、补充交流中，队员们了解了修建水库的不容易，修建水库人的无私奉献精神，进一步感悟水库精神。

（3）丰满资料，品精神：队员们所能收集到的资料更多的是关于建库过程中涌现的英雄人物的感人事迹，以及条件的恶劣，这时辅导员出示课件，补充收集到工程量视频资料，让队员观看了解工程量浩大，这与队员前面讲述故事中，条件艰苦、机械化水平低，形成鲜明的对比，在对比中，感受到密云水库两年建成是一个奇迹，进而探究奇迹背后是人们默默奉献、吃苦耐劳、团结一心、舍小家为大家的奋斗精神。

3.走进生活，强化感知

建库人为修建密云水库做出了牺牲，体现出了密云人的高尚情操，水库建成后，密云人又是如何守护水库，为保护水库水又做出哪些贡献？在这一环节中，辅导员引领队员从以下几方面感悟密云人发扬了水库精神，敢于担当、勇于创新，用自己的聪明才智创造美好生活的品质，激发队员热爱密云的情感。进一步强化水库精神。

（1）调查走访，明今人贡献：课前组织队员做调查，走访村中为保护水库做出贡献的人和事填写了调查表；活动课上组织各小队将自己的调查以不同形式与队员交流。

（2）思辨明理，知保水责任重大：为了保护密云水库我们密云人再次做出了牺牲，给人们的生活带来一定的经济损失，讨论是否可以再次恢复这些产业；在思维的碰撞中，队员们明白一旦水资源受到污染，我们将会受到更大的威胁，学生进而感受到，我们保水护水责任重大。

（3）展"一村一品"，悟密云情怀：学生们通过收集整理各项数据、资料，了解家乡的风土人情、特色物产，感受改革开放给家乡带来的巨大变化，通过创编广告词为家乡的特产代言，为家乡的特产做宣传，让更多的人了解家乡特产，都愿意来到家乡品尝购买家乡特产，从而带动旅游经济的发展，为家乡的发展贡献力量；同时，引导队员联系"走进村落"的社会实践活动中了解到的各村的一村一品建设，在各小队的交流展示中，队员们感受到我们密云人运用自己的智慧，发挥水库地区特有的资源，敢于担当，勇于创新，建设一村一品，既保护了生态环境，又发展了经济，让人们过上了幸福的生活。

4.勇于担当，肩负责任

老一辈建设者为修建密云水库，展现了他们默默奉献、同结一心的水库精神；新一辈建设者敢于担当，勇于创新，不断创造密云的新辉煌，那么作为生在、长在水库周边的少先队员，该怎样发挥我们的聪明才智，让我们家乡的名片更亮？各小队展开讨论，为家乡的建设出谋划策，设计金点子；队员在交流中想到了制作宣传海报、小视频、创编广告词等多种宣传的方式；激发队员发扬密云人的无私奉献、责任担当精神，让家乡的明天更辉煌，进而激发队员爱家乡、建设祖国的家国情怀，树立理想信念。

5.小结提升，传承精神

本环节辅导员依据队员表现简短小结，让密云人吃苦耐劳、默默奉献的水库精神，不畏牺牲、开拓进取、勇于创新的家国情怀深深根植于队员的心中，让队员接过前辈手中的接力棒，将密云精神世代相传。

（四）活动拓展与延伸

本次活动结束后，我们中队发扬水库精神，立志将水库精神落实在生活的时时处处，更要为保水、护水做出贡献，因此确立了以下后续的教育活动。

（1）成立护水小分队，利用休息日宣传护水知识，不让水库水被污染；保护水库周边的环境，捡拾白色垃圾，并指导游人保护水库环境，避免污染水源。

（2）起草倡议书发放给学生，并号召大家向水库周边的居民宣传保水、护水知识。

（3）将课堂上创编的广告词进一步完善，用合理的方式进行宣传。

（4）由中队长组织、班级宣传委员领导创编一个剧本排演，准备学校大队活动演出，也让更多的人了解密云水库，了解密云人的建库精神。

三、活动反思

此次活动是由队干部和队员自主策划而实施的，充分发挥了队员的主体地位，队员当家做主，参与率高。队员们能够通过很多新颖的形式展示自己收集到的一村一品以及建库后人们为守水做出的贡献，并能大胆地走出去进行采访；60多年前的老故事能被队员们找出来传唱，要给队员空间、时间，把锻炼、成长的机会留给他们。

活动中，辅导员邀请了多方人员参与其中，虽然没能请来建库人，但是作为建库人的后人的子女，她声情并茂地结合自己姥姥的故事讲述了密云水库的修建史，让队员们的感受更真实，仿佛昨日情景就在眼前，而护水大队叔叔的讲解更让队员们了解到为了守护这盆净水密云人所做的努力与牺牲。

通过教育活动，学生们自觉地行动，带动家庭、影响社区。学生主动担负起爱水护环境的社会责任，小手拉大手，和家长一起开展"爱水，护水，研究水"的系列活动，让家长在活动中也受到爱水护环境，争做生态文明人的教育。坚定爱水信念，履行保水责任，践行护水义务，像珍爱眼睛一样保护密云水库，敢于担当、无私奉献，从我做起，从小事做起，保水护环境，做生态文明人。队员们在活动中实践，在实践中成长。这正体现了生态文明促成长，活动育人结硕果。

第二节　乡村建设领域

生态文明教育视角下的初中实践活动案例
——密云水库（上金山篇）

北京市密云区太师庄中学　刘楠楠

（学段：初中一年级）

一、活动背景

（一）指导理念

《义务教育课程方案（2022年版）》和各学科课程标准明确指出："全面落实习近平新时代中国特色社会主义思想，将社会主义先进文化、革命文化、中华优秀传统文化、国家安全、生命安全与健康等重大主题教育有机融入课程，增强课程思想性。"2021年，生态环境部、教育部等六部门发布了"美丽中国，我是行动者"提升公民生态文明意识行动计划（2021—2025年），旨在引导全社会牢树立生态文明价值观念和行为准则。2022年，教育部发布了《绿色低碳发展国民教育体系建设实施方案》，明确提出将绿色低碳纳入大中小学教学活动，融入国民教育各学段的课程教材中。生态文明教育赋予了课程建设新的视角与活力，我们结合不同教学内容，持续深入开展了生态文明教育的系列活动。作为教育者要多为学生提供生态实践的机会，注重实践性。学生只有参与生态活动的全部过程，才能与实际生活紧密联系，从而增强感受与认知能力。

将基于生态文明教育的实践活动融入乡土情境的研学中，实现跨学科知识、技能与运用情境的有效"融合"，这不仅能够提升学生整合多学科知识的能力，以解决生活中的真实问题，还有利于学生进一步了解家乡区域特征，真实感受当地的生态环境与发展，树立正确的人地协调观，从而培养良好的家国情怀，提升生态文明教育的实践性和基于多学科融合的协同性。密云区位于北京市东北部，是首都最重要的水源保护地及区域生态治理协作区，作为北京市最早确立的生态涵养区之一，密云区始终将保障首都生态安全作为主要任务，坚持生态优先、绿色发展，努力建设宜居宜业宜游的生态发展示范区、展现北京历史文化和美丽自然山水的典范区。近几年来，密云区先后被命名为"国家级生态示范区"、全国首批"生态文明建设试点地区""国家生态县"、全国首批"水生态文明城市"等称号。2019年11月14日，生态环境部授予北京市密云区等84个市县第三批国家生态文明建设示范市县称号。"国家生态文明建设示范区"的称号充分肯定了密云多年来生态文明建设的成果的同时，也吹响了密云砥砺奋进、持续大力开展生态文明建设的新号角。

（二）资源特色

密云水库是华北地区最大的水利工程，是中华人民共和国水利建设史上一座丰碑。密云水库，位于北京市密云区城北13km处，位于燕山群山丘陵中，面积180km^2，库容40亿m^3，是华北地区最大的水库，有"燕山明珠"之称。密云水库有防洪、灌溉、发电、养鱼、旅游、为北京供应工农业生产和生活用水等效益。密云因水而立、因水而美、因水而富。擦亮这张生态名片是密云人的共识。一泓水涵养一座城，碧波浩渺、水清岸绿，是密云靓丽的"颜值"，也是密云区高质量发展的"底色"。为守护好密云水库这个"无价之宝"，密云区始终把保水护水作为头等大事。

2021年北京市密云区被中央文明委确定为全国文明城区提名城区，参加第七届全国文明城区争创。创建全国文明城区，提高城市文明程度，共享创城成果，建设幸福美丽密云是全体市民的共同心愿，经过密云人一直以来的努力，文明成了密云这座城的底色。

依托密云水库、密云创城和美丽乡村建设地域资源，为引导全校学生树立生态环保意识，可持续发展意识，提升生态文明素养，共同参与和弘扬生态文明、共建生态文明、建设美丽家乡的行动中，我校设计了跨学科生态文明教育主题实践活动——"密云水库—上金山篇"。

（三）学校文化

太师庄中学地处密云水库上游太师屯镇，紧邻密云水库，生态环保教育一直是学校的一项重要任务。学校占地 64.5 亩，建筑面积 19622m^2，学校现有 16 个教学班，学生 384 人，是密云水库北部地区规模最大、学生数量最多的学校，这也要求我们必须做好生态文明教育。同时，加强生态文明建设，符合我校"创建生态文明校园，构筑完整幸福人生"的发展愿景。我校秉承"崇真尚德、务实创新"的办学理念，提出"全面贯彻党的教育方针，以人为本，立德树人，促进师生幸福成长，为教师专业发展助力，为学生终身发展奠基"的办学指导思想，倡导"明理、尚善、尊师、爱生"的校风、"博学、严谨、厚德、敬业"的教风、"勤学、善思、尚美、笃行"的学风，发扬"自强不息、追求卓越"的学校精神，努力把我校建成充满活力、激情发展的学习型生态文明校园，民主开放、师生幸福、社会满意的密云名校。

二、活动设计

（一）学情分析

活动对象是初中一年级的学生。初一学生思维敏捷，好奇心强，在真实环境中经历的体验式学习，会让他们学习更为生动和深刻。生态文明教育视角下的远足实践活动，激发了他们的学习兴趣，促进学生更好地在真实体验中树立环保意识，提升生态文明素养。活动对象是山区学校学生，大部分学生具备山区远足的基本技能，同时初一学生经过了近一年的初中学习生活，实践活动所需的基本学科知识已经具备。

绝大部分学生的家庭世代生活在水库沿边，对密云水库有着深厚的感情，在密云水库边开展实践活动，学生心向往之，学习兴趣浓厚；太师屯镇属于乡村聚落，学生生活在乡村环境，为开展创城之旅——美丽乡村建设社会调查提供便利。

（二）活动目标

（1）通过生态之旅，培养学生的历史意识和爱国情怀，提升其综合素养。让学生在深入了解建库过程中的艰辛与成就的同时，感受建库者们艰苦奋斗、无私奉献的精神，传承和弘扬这种宝贵的精神品质。通过实践活动，增强学生的环保意识，提高他们的实践能力、团队协作能力和观察能力，促进学生在历史、地理、工程等多方面知识的融合与提升，拓展其视野，激发他们对历史和现实问题的探究兴趣，培养其主动学习和创新思维能力，树立正确的价值观和人生态度。

（2）通过创城之旅，让学生深入了解密云区文明城市创建和美丽乡村建设的现状与成就，增进他们对家乡的热爱与认知。在实践过程中，培养学生观察、分析和解决实际问题的能力，提升其实践技能与综合素质。同时，教师要引导学生关注乡村发展中的环境、文化、经济等方面问题，增强其环保意识和社会责任感。激发学生积极参与文明城市创建和美丽乡村建设的热情，培养他们的主人翁意识，促进学生在团队中相互协作、交流分享，提高团队合作能力和沟通能力。让学生在调查实践中感受文明与乡村之美，树立正确的价值观和审美观念，培养学生创新思维和探索精神，鼓励他们为密云区的发展提出创新性建议和想法，增强学生对本土文化的认同感和传承意识，推动乡村文化的繁荣与发展。通过这些实践活动，使学生成为文明的传播者和美丽乡村建设的积极践行者，提升学生对社会发展的关注和参与度，为其未来的成长和发展奠定坚实基础。

（三）活动准备

我校领导和教师实地走访实践活动现场，组织学生查阅相关资料和社会调研，查找密云水库、密云创城和美丽乡村建设相关资料，设计出基于密云地域资源的跨学科生态文明教育实践活动。

各班宣传委员组织开展学生动员会，各班班长发放家长知情同意书，邀请家长参与活动。出行前，组织开展学生安全会，负责人（学生）进行活动纪律要求和安全教育。各班组织学生分组，为每个小组提供活动手册。

（四）活动过程

1. 生态之旅——密云水库

本环节围绕六个层面来展开。学生通过用资料获取信息、社会调查和现场考察了解我们的家乡密云水库的效益，说一说为什么建设密云水库；运用课上所学方法，说出密云水库的地理位置，水系特征，分析密云水库为什么建在这里；运用知识，说出水库涵养区的植物有哪些，通过查询资料，了解太师屯镇的人们在哪些方面保护了密云水库，了解太师屯镇的人们如何与密云水库和谐共生；通过查询资料，说出密云水库的建成历史，了解密云水库建成历史和密云水库精神；借助红歌、演讲、英语风采秀抒发对家乡的热爱，体会作为密云人的自豪；用数学丈量我们的家乡和签订环保协议，用于承担保护家乡环境责任。

2. 创城之旅——最美乡村

本环节学生参观了上金山历史悠久的狮舞文化，唤醒学生保护这项珍贵古老的艺术形式的意识，使它能够顺利传承、发展。运用社会调查，分组采访村民完成新农村环境变化、美丽乡村文化建设、乡村垃圾分类调查和密云乡村的创建全国文明城市行动4个调查问卷，让学生深入了解密云区文明城市创建和美丽乡村建设的现状与成就，增进他们对家乡的热爱与认知。

（1）行前动员。

活动组织人员安全培训会；学生动员会及准备工作；出发前对学生进行活动纪律要求和安全教育。使学生明确此次活动的目的意义和各项要求。

（2）问题探究。

① 为什么建设密云水库？

用资料获取信息、社会调查和现场考察等方式了解家乡密云水库的效益。

② 密云水库为什么建在这里？

运用课上所学方法，说出密云水库的地理位置与水系特征。

③ 太师屯镇的人们如何与密云水库和谐共生？

运用知识，说出密云水库涵养区的植物有哪些？通过查询资料，了解太师屯镇的人们在哪些方面保护了密云水库。

④ 回顾密云水库建库历程。

通过查询资料，说出密云水库的建成历史；通过了解密云水库建成历史，说出密云水库精神有哪些。

⑤ 弘扬密云水库精神。

在语文老师的指导下，赞扬密云水库精神并进行演讲；用英语介绍家乡的美丽，表达我们的热爱；活动前学习歌曲，现场开展班级红歌赛；借助歌曲舞蹈抒发对家乡的热爱，体会作为密云人的自豪。

⑥ 责任与传承。

用数学知识丈量我们的家乡；在语文教师的指导下学习倡议书的写法，并书写倡议书，签订环保协议；巩固课上所学知识，在现场考察中进行应用。

3. 乡村大调查

（1）新农村环境变化调查：通过社会调查，了解新农村环境变化，在实践活动中解决问题。

（2）美丽乡村文化建设调查：通过社会调查，了解美丽乡村文化建设。

（3）乡村垃圾分类调查：通过社会调查，了解乡村垃圾分类调查情况。

4. 总结与表彰

德育主任对学生此次远足活动的表现进行总结和评价；班主任对学生进行点评并布置自主性作业，对本次活动进行总结；评选本次实践活动精神文明优秀班集体，并进行表彰。

5. 成果展示

（1）精神文明班评比：活动中打分，活动后总结颁奖。促进各班集体荣誉感和集体凝聚力的增强，实现户外实践与精神文明双丰收。

（2）三分钟演讲比赛：在期末以"知家乡、爱家乡、建家乡"为主题进行演讲。

三、活动反思

本次活动的主体是学生，由学生设计活动的logo与手册封面，经过学生讨论评选呈现出本手册中的内容，完全以学生为主体，教师发挥主导、辅助作用。本次实践活动成果主要包括设计活动的logo、手册封面、签订《传承红色基因　建设绿色生态》倡议书、精神文明班评比、三分钟演讲比赛、植物标本展示、任务单完成和课堂展示等方面，并评选本次实践活动精神文明优秀班集体和红歌赛优秀班级，并进行表彰，将优秀的作品和活动记录在班级群和校园公众号推送。

本次活动依托太师屯镇地域资源，融合语文、数学、英语、历史、地理、道法、生物、音乐、美术等课程知识与方法，设计基于地域资源的生态文明教育视角下的初中跨学科实践活动。结合学生实际年龄特点、已有知识和生活经验和认知发展水平，选择学生身边的现象或事物作为跨学科学习的主题，利于激发学生的学习兴趣，促进学生对学科知识的理解和应用能力的提升；学生在跨学科实践中，以自主、小组合作探究方式对乡土情境问题进行探讨，培养学生的观察、实验、分析、解决问题的能力，学会了综合分析、评价和解决生活中的真实问题，总结应用初中多学科的知识和方法，培养跨学科思维。同时，本活动根据学生的思维发展规律，从学生的实际情况出发，设计了从简单到复杂的乡土情境问题，由表及里、由单一到综合、层层深入的问题进行讨论，有助于学生对知识的深度学习和思维发展。通过观察学生在课堂上过程性表现以及作品展示，学生能在课堂上积极参与小组讨论，勇于发言，在作品展示中充分阐述自己的创作思想，同时也有助于学生增强环境意识和社会责任感。这样的实践活动不仅使学生更好地认识和理解自己生活的环境，激发学生对各学科的兴趣和热爱，促进学生思维进阶发展，实现知识与生活的有效衔接，有效落实学科核心素养。

通过跨学科实践活动培养学生运用多学科知识解决现实生活问题的能力，实现跨学科学习的综合育人价值。在活动中，学生嵌入真实情境，体验真情实感，产生生态认知与体悟，在体验、探究中落实学科核心素养，并逐步掌握生态文明知识、树立生态文明观念、养成生态文明意识、落实生态文明行为，培育生态人格。

本 章 小 结

北京市密云区各学校充分利用密云区的工程建设资源，在水利工程和乡村建设领域积极开展了一系列富有成效的活动，将生态文明教育融入日常教学与实践中，让学生们在亲身体验和实践中深刻领悟到了保护自然、珍爱环境的重要性，并将这一理念与工程建设实践紧密结合，从而在学生心中培育出生态环保观念，让他们在日常生活中能够自觉践行绿色生活方式，为地球家园的可持续发展贡献自己的力量。

同时，学校还将生态文明教育与拔尖创新人才培养紧密结合，学校不仅关注基础知识的传授，更将拔尖创新人才的培养作为核心目标。通过开设基础课程，确保学生们掌握扎实的学科基础；同时，拓展课程和特色课程的引入为学生们提供了更广阔的视野和更丰富的实践机会。这些课程旨在培养学生的创新思维和实践能力，使他们能够在未来的学习和工作中，具备独立思考、勇于创新的精神与能力。

学生们通过参与各种实践活动，不仅提高了自身的综合素质，更在潜移默化中形成了对生态环保的深刻理解和坚定信念。他们学会了如何在工程建设中尊重自然、保护生态，如何在日常生活中践行绿色理念、倡导低碳生活。同时，这些实践活动也为培养拔尖创新人才提供了有力的支撑和保障，让他们在掌握专业技能的同时，具备了更加广阔的视野和更加深厚的社会责任感。

密云区各学校通过在水利工程和乡村建设领域开展的一系列活动，成功地将生态文明观与工程建设紧密结合，培养出了既具备综合素质又富有创新精神与能力的拔尖人才，这些人才将成为推动社会进步和可持续发展的重要力量。

结　　语

　　北京市密云区各学校在密云区青少年宫的带领下开展了一系列生态文明教育活动，涉及了自然生态领域、经济产业领域及工程建设领域，在形式和内容上进行了创新。这些活动不仅涵盖了基础性的生态知识普及，还融入了拓展性的实践探索课程与独具特色的创新课程，构建了一个全面而多元的教育体系。教育教学活动的开展不仅仅局限于对学生进行知识的传递，而是将教育教学中知识的拓展、意识的培育、行为的践行深度结合，期望通过这一系列的课程体系逐步培养出学生们的生态文明观念，激发学生们尊重自然、保护生态的强烈意识，培养出既具备综合素质又富有创新精神与能力的人才。

　　教育的发展势必反映时代的特征。作为指导我国教育发展的纲领性文件，《中华人民共与国国民经济与社会发展第十四个五年规划与2035年远景目标纲要》中提到了有关生态文明和综合素质的内容与要求，即"发展素质教育，更加注重学生爱国情怀、创新精神和健康人格培养"。此外，《"美丽中国，我是行动者"提升公民生态文明意识行动计划（2021—2025年）》，将生态文明教育纳入国民教育体系。将生态文明教育纳入国民教育体系。原教育部长陈宝生提出将生态文明教育内容融入课程设置、社会实践、校园活动等环节。国家教材委在2017年12月通过了修订后的课程方案，其中明确提出要培养学生生态文明观，使他们更好地认识到人与自然和谐相处的重要性。青少年生态文明教育既是个体全面发展的内在要求，也是对全球化时代整个世界所面临的生态危机的必然行动。由此可见，生态文明观的培育融入学生课程中，是契合当前政策背景的必然要求。

　　将生态文明观培育与创新人才培养相结合，是对自然环境的深刻理解和尊重，更是对未来社会的深刻责任和担当。这种结合不仅为青少年们提供了全面而多元的教育体验，也为他们的成长之路注入了更加丰富的内涵。培养具备生态文明观的创新人才是时代赋予我们的重任，这不仅需要我们在教育过程中加强对生态知识的普及和实践，更需要我们引导青少年们将生态文明理念融入日常生活，形成自觉的行动和习惯。未来，我们期待这些创新人才能够成为生态文明建设的推动者和实践者，在各自的领域中发挥重要作用，推动经济、社会、环境的和谐共生。同时，我们也相信，这种结合将激发出更多的创新思维和解决方案，为应对全球性生态挑战贡献出智慧和力量。让我们携手共进，共同培养更多具备生态文明观的创新人才，为构建美丽中国、实现中华民族永续发展贡献力量。

参 考 文 献

[1] 王迪. 生态文明观融入初中学生综合素质研究 [D]. 唐山：华北理工大学，2023.
[2] 滕洋. 我国拔尖创新人才早期培养的实践探索、现实困境与优化策略 [J]. 国家教育行政学院学报，2023（11）：20-30.
[3] 张善超，熊乐天. 以拔尖创新人才培养助力新质生产力发展——拔尖创新人才早期培养融入中小学课程建设探赜 [J]. 中国远程教育，2024，44（4）：3-14.
[4] 李明，夏青峰. 让学生创造性成长——北京中学拔尖创新人才培养实践 [J]. 中小学校长，2023（12）：30-32，59.
[5] 王秀彩. 学段贯通视角下拔尖创新人才培养路径探析 [J]. 中小学校长，2023（12）：26-29.
[6] 史婉婷. 以理性探究为主导的德国工匠精神的培育路径研究 [J]. 科普研究，2024，19（1）：94-102，108.